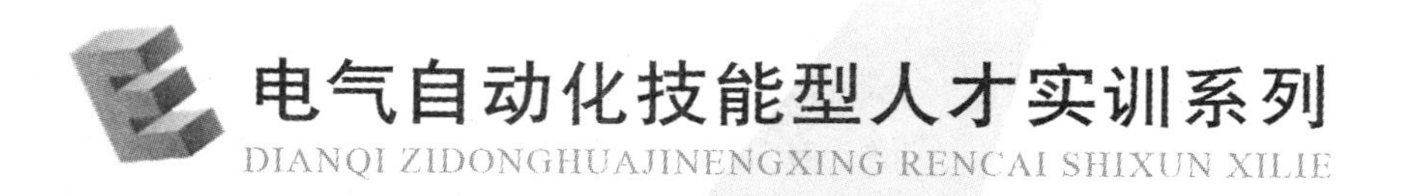

电气控制技术实训

主编：赖文德　苏翠云　苏两河
参编：陈国良　张继伟　陈丽君
主审：阮予明

中国电力出版社
CHINA ELECTRIC POWER PRESS

内 容 提 要

本书是高职高专院校电气工程及自动化、机电一体化等相关专业培养技能型人才的专业书籍。全书共分四大模块28个任务，模块一介绍了继电器、接触器等常见的电器元件的拆装测试与检修；模块二介绍了典型控制电路的原理、接线及常见故障检修；模块三介绍了典型机床的工作原理及常见故障检修；模块四介绍了FX系列PLC编程软件GX Developer的程序输入、转换及仿真，包括常见基本指令、步进指令和功能指令实训。本书按照任务驱动教学法设计内容，对理论知识的选取以提升技能操作为目的，实现理论与技能一体化教学的完美结合。

本书可作为电气工程及自动化、机电一体化等类专业一体化教材，也可作为电气、机电等行业工程技术人员的培训和参考用书。

图书在版编目(CIP)数据

电气控制技术实训/赖文德，苏翠云，苏两河编著．—北京：中国电力出版社，2012.8（2016.1重印）
（电气自动化技能型人才实训系列）
ISBN 978-7-5123-3062-7

Ⅰ.①电… Ⅱ.①赖…②苏…③苏… Ⅲ.①电气控制-高等职业教育-教材 Ⅳ.①TM571.2

中国版本图书馆CIP数据核字(2012)第101642号

中国电力出版社出版、发行
（北京市东城区北京站西街19号 100005 http://www.cepp.sgcc.com.cn）
北京市同江印刷厂印刷
各地新华书店经售
*
2012年8月第一版 2016年1月北京第二次印刷
787毫米×1092毫米 16开本 7.75印张 201千字
印数3001—4000册 定价**18.00**元

前　言

《国家中长期教育改革和发展规划纲要》（2010～2020年）要求，在“十二五”期间，要构建灵活开放的现代职业教育体系，培养适应现代化建设需求的高素质劳动者和高技能人才。

为了加快培养一大批具备职业道德、职业技能和就业创业能力的高技能人才，我们编写了本书。在本书的编写过程中，贯彻了“理论服务于技能，突出技能培养”的原则，把编写重点放在以下几个方面：

（1）体现“以能力培养为核心，以理论教学和实践教学相结合”的教学新思路，加强理论与实践的结合，以“任务驱动”模式进行编写，遵循教学规律，以满足广大师生的教学需要。

（2）坚持以技能为主，理论知识为辅，可满足理论与实践一体化教学的需要，理论与实践的结合遵循了递进式和模块式的教学原则。

（3）注重遵循以“学生为中心，教师为主导”原则，根据“学生操作为主、教师指导为辅”进行编写。

本书由赖文德、苏翠云、苏两河主编，张继伟、陈国良、陈丽君等参编。其中：模块一中任务1～4由苏翠云编写；模块一中任务5由陈国良编写；模块二中任务1由陈丽君编写；模块二中任务2～8和模块三中任务1、4由苏两河编写；模块三中任务2、3、5由赖文德编写；模块二中任务9～12和模块四由张继伟编写；本书图表制作及文字录入编排由陈丽君、陈国良、张珍珠完成。本书由阮予明主审，赖文德、苏翠云、苏两河统稿，张继伟、陈国良、陈丽君负责图表及相关程序校验。

本书在编写过程中参考和引用了许多宝贵的文献和资料，在此对相关文献及资料的作者表示衷心的感谢。

目前教学改革正在不断地深入和知识的不断更新，由于编者水平的局限性，本书难免存在不妥之处，热忱欢迎选用本书作教材的同仁和读者提出宝贵的意见，并批评指正。

编　者

2012年5月

目 录

模块一　继电器—接触器的拆装、测试与检修

任务1　交流接触器的拆装、测试与检修

一、实训理论基础

接触器是一种电磁式开关，它可以自动地接通或断开交流或直流电路并可实现远距离控制。接触器按流过主触头电流的性质不同，分为交流接触器和直流接触器。

1. 交流接触器的结构

交流接触器主要由电磁机构、触头系统、弹簧和灭弧装置等组成，如图1-1所示。

图1-1　交流接触器实物

(1) 电磁机构。电磁机构由铁心（静铁心）、衔铁（动铁心）和吸引线圈等组成，如图1-2所示。

电磁机构的主要作用是吸引线圈通电，在铁心中产生电磁吸引力，使衔铁吸合带动触头使之接通或断开。

交流接触器在运行过程中，线圈通入交流电在铁心中产生交变磁通，因而铁心与衔铁间的吸力也是变化的，这会使衔铁产生振动，发出噪声。为消除这一现象，在接触器的铁心端面处开一个槽，槽内嵌一个用铜制成的短路环（见图1-3），使得线圈在交流电变小和过零时仍有一定的电磁吸力以消除衔铁的振动。

交流接触器工作时，衔铁与铁心之间一定要吸合好。如果由于某种机械故障，衔铁或机械可动部分被卡住，通电后衔铁吸合不上，线圈中流过超过额定值较大的电流，将使线圈严重发热，甚至烧坏。

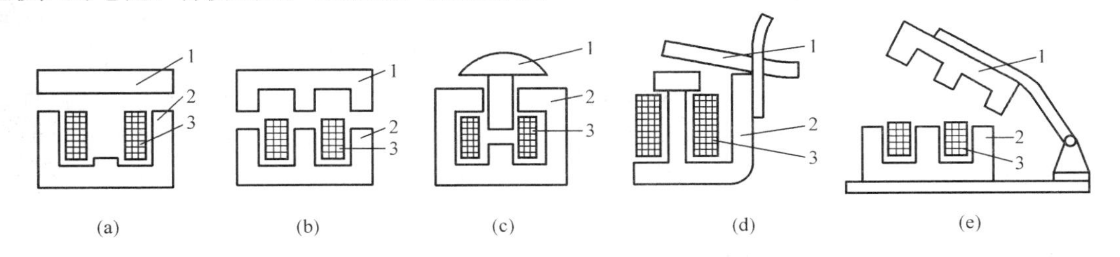

图1-2　电磁机构

(a)、(b)、(c) 直动式；(d)、(e) 开合式

1—衔铁；2—铁心；3—线圈

电磁机构的吸力特性是指使衔铁吸合的力与衔铁气隙δ的关系曲线。电磁机构的电磁吸力可以按下式求得

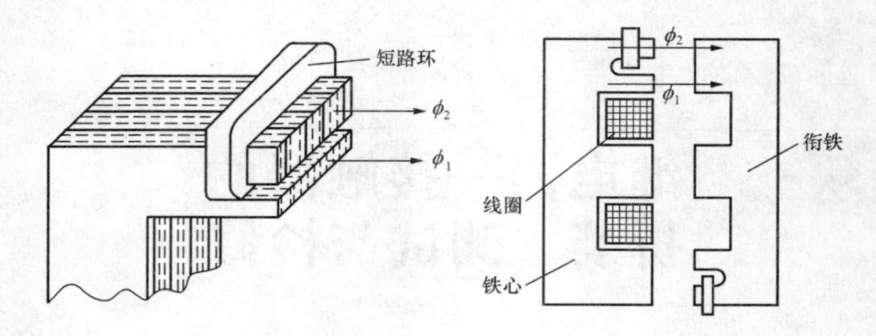

图 1-3　短路环

$$F=\frac{10^7}{8\pi}B^2S \tag{1-1}$$

式中：F 为电磁吸力，N；B 为气隙中的磁感应强度，T；S 为磁极截面积，m^2。

由式（1-1）可见，交流接触器电磁机构的吸力与气隙无关。

电磁机构的反力特性是指反作用力 F_r（使衔铁释放的力）与气隙 δ 的关系曲线。电磁机构使衔铁释放的力一般有两种：一种是弹簧的反力；另一种是衔铁的自身重力（可忽略）。

弹簧的反力与其压缩的位移 X 成正比，其反力特性可写成

$$F_r=K_1X \tag{1-2}$$

改变释放弹簧的松紧可以改变反力的大小，弹簧越紧，反力越大。

为了使接触器能灵活动作，在衔铁吸合过程中，其吸力特性必须始终处于反力特性上方，即吸力要大于反力；反之，衔铁释放时，吸力特性必须位于反力特性下方，即反力要大于吸力（此时的吸力是由剩磁产生的）。在吸合过程中，还须注意吸力特性位于反力特性上方不能太高，否则会影响到电磁机构的寿命。

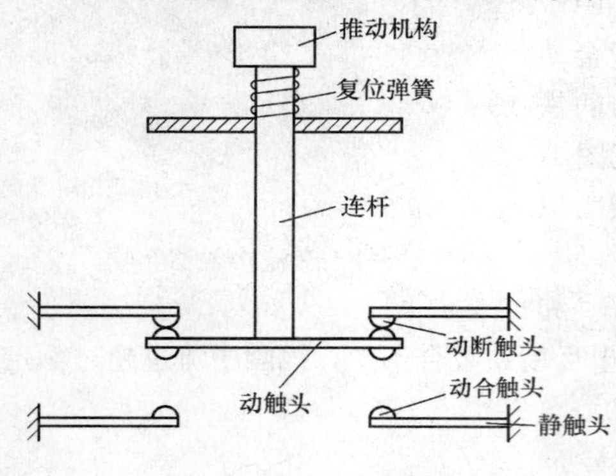

图 1-4　触头系统

（2）触头系统。触头系统由动触头、静触头和复位弹簧等组成，如图 1-4 所示。

触头是电器的执行机构，它在衔铁的带动下起接通和分断电路的作用。触点在闭合状态下，动、静触点完全接触，在有工作电流通过时称为电接触。电接触的情况将影响触头的工作可靠性和使用寿命。影响电接触工作状况的主要因素是触头的接触电阻，因为接触电阻大时，易使触头发热而温度升高，从而使触头易产生熔焊现象，这样既影响工作可靠性又降低了触头的寿命。触头的接触电阻不仅与触头的接触形式有关，而且还与接触压力、触头材料及表面状况有关。

触头的接触形式有点接触、线接触及面接触，如图 1-5 所示。

常见的触头的结构形式有点接触桥式触头、面接触桥式触头、线接触指形触头，如图 1-6 所示。

触头按原始状态分为动合触头和动断触头。动合触头是指线圈未通电时触头呈断开的状态，动断触头是指线圈未通电时触头呈闭合的状态。动合触头和动断触头是联动的，且动作时有一定的时间差。线圈通电时，动断触头先断开，动合触头后闭合，线圈断电时则相反。按触头所在电

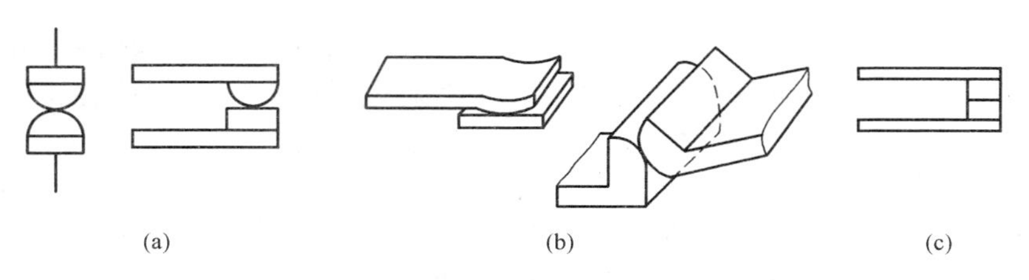

图 1-5 触头的接触形式

(a) 点接触；(b) 线接触；(c) 面接触

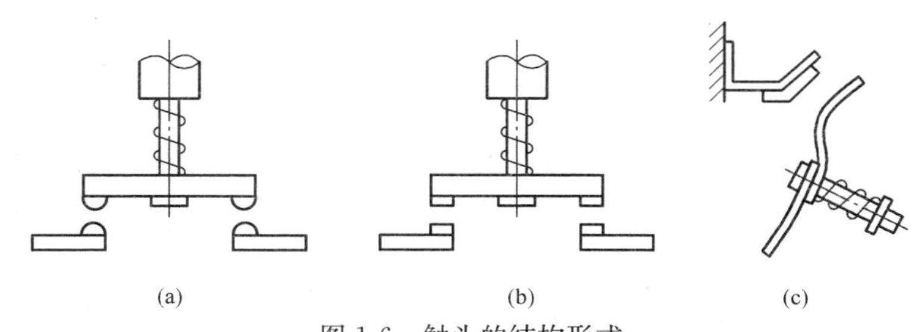

图 1-6 触头的结构形式

(a) 点接触桥式触头；(b) 面接触桥式触头；(c) 线接触指形触头

路不同分为主触头和辅助触头。主触头用于通断电流较大的主电路，一般由三对接触面较大的动合触头组成。辅助触头用于通断电流较小的控制电路，一般由两对动合和两对动断触头组成。

为了使触头系统运行有良好的状态，要求触头接触电阻小，导电性能好。影响触头接触电阻的因素有：接触形式、接触压力、触头材料及触头表面状况。接触面大，电阻小；压力大，电阻小；表面光洁，电阻小。

(3) 灭弧装置。接触器触头在断开大电流电路的瞬间，触头间隙在强电场作用下产生放电形成电弧。炽热的电弧会烧坏触头，还会造成短路、火灾或其他事故，故应采取适当的措施使电弧尽快熄灭。在交流接触器中常用的灭弧方法有电动力灭弧、磁吹灭弧、栅片灭弧、灭弧罩灭弧等几种。

1) 电动力灭弧。利用触头断开时电动力的作用使电弧拉长，遇到空气迅速冷却而很快熄灭，如图 1-7 所示。

这种灭弧方法不需要专门的灭弧装置，但电流较小时电动力也小，多用在小容量的交流接触器中。

2) 磁吹灭弧。在触头回路串一电流线圈，回路电流及其产生的磁通的方向如图 1-8 所示。借助电弧与弧隙磁场相互作用而产生的电磁力实现灭弧。这种串联磁吹灭弧在电流越大时灭弧能力越强。当线圈绕制方向定好后，磁吹力与电流方向无关。也可用并联磁吹线圈，这时应注意线圈的极性。

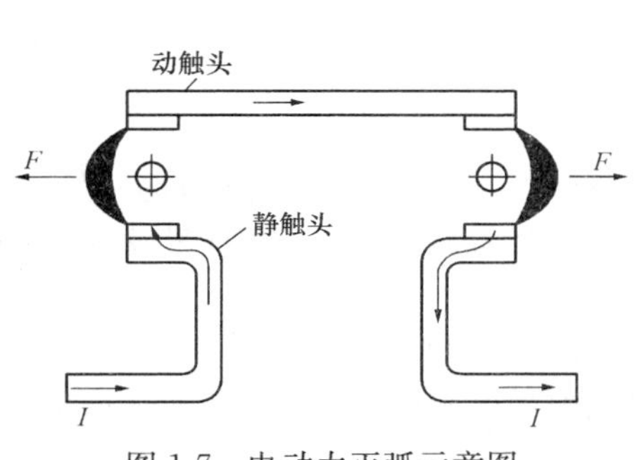

图 1-7 电动力灭弧示意图

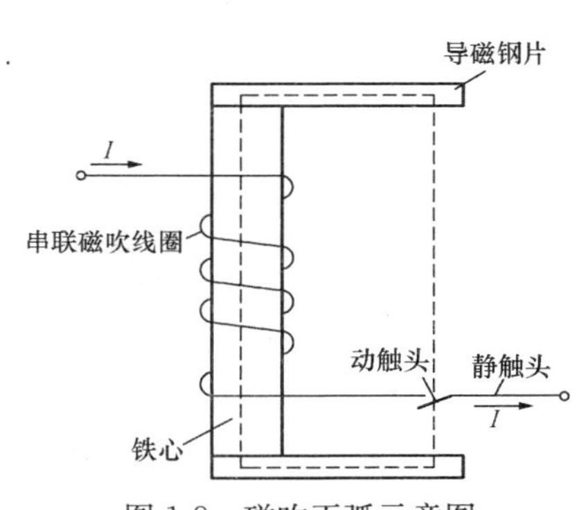

图 1-8 磁吹灭弧示意图

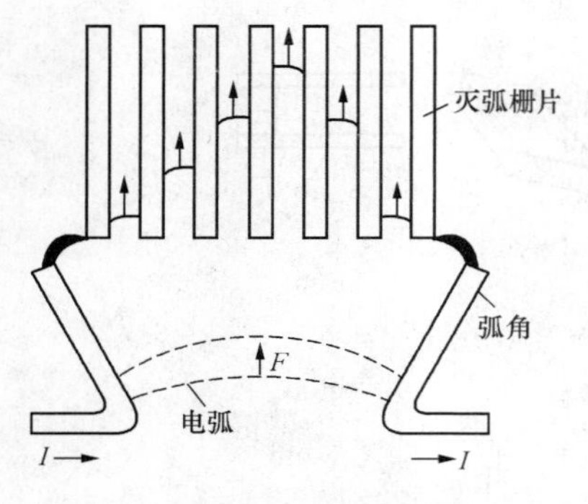

图 1-9 栅片灭弧示意图

3）栅片灭弧。灭弧栅由多个镀铜薄钢片组成，如图 1-9 所示。导磁的钢片将电弧吸入栅片，将电弧分割成许多串联的短电弧，使电弧快速熄灭。

4）灭弧罩灭弧。灭弧罩用陶土和石棉水泥做成，电弧进入灭弧罩后，可以降低弧温和隔弧，使电弧快速熄灭。

2. 交流接触器的工作原理

交流接触器的结构示意图如图 1-10（c）所示。

当电磁线圈通电后，线圈电流产生磁场，使静铁心产生电磁吸力吸引衔铁，并带动触点动作，使动断触点断开，动合触点闭合，两者是联动的。当线圈断电时，电磁力消失，衔铁在释放弹簧的作用下释放，使触点复原，即动合触点断开，动断触点闭合。交流接触器在电路图中的图文符号如图 1-10（b）所示。

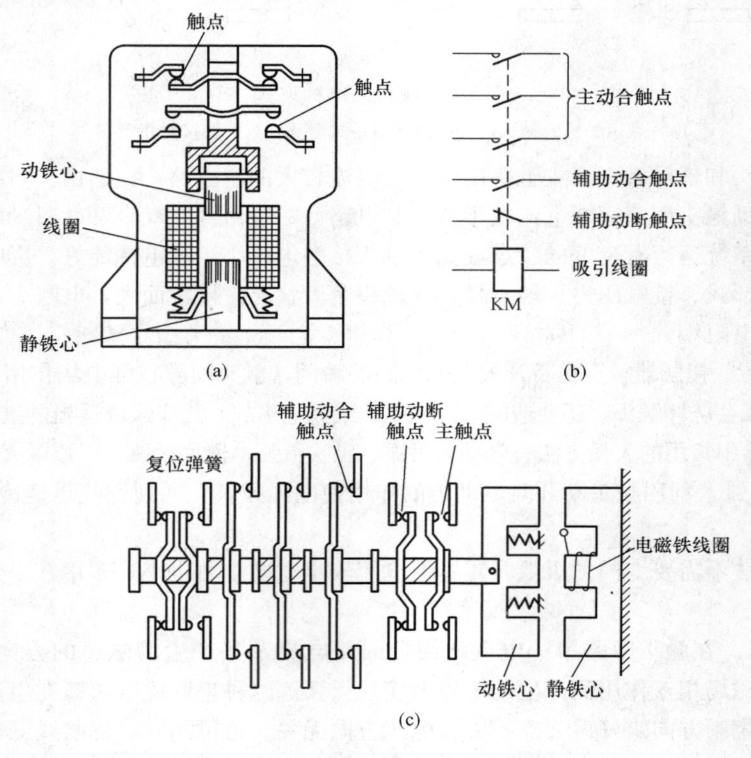

图 1-10 交流接触器

（a）外形；（b）图文符号；（c）结构示意图

3. 交流接触器的选用

接触器的选用主要依据以下几方面。

（1）接触器的类型。控制交流负载时应选用交流接触器，控制直流负载时应选用直流接触器。

（2）接触器的使用类别应与负载一致。表 1-1 为常见的接触器使用类别代号及典型用途。

（3）主触点的额定工作电压应大于或等于负载电路电压。

（4）主触点的额定工作电流应大于或等于负载电路的电流。额定工作电流是在规定条件下（额定工作电压、使用类别、操作频率等）能够正常工作的电流值，当实际使用条件不同时，这个电流值也将随之改变。

表 1-1　常见的接触器使用类别代号及典型用途

电源	使用类别代号	典 型 用 途
交流	AC-1	控制无感或微感负载、电阻炉
	AC-2	控制绕线转子感应电动机的启动、分断
	AC-3	控制笼型感应电动机的启动、运行中分断
	AC-4	控制笼型感应电动机的启动、反接制动或反向运转、点动
	AC-5a	控制放电灯的通断
	AC-5b	控制放电灯的通断
	AC-6a	控制变压器的通断
直流	DC-1	控制无感或微感负载、电阻炉
	DC-2	控制并励电动机的启动、反接制动或反向运行、点动及电动机在动态中分断
	DV-3	控制串励电动机的启动、反接制动或反向运行、点动及电动机在动态中分断

（5）吸引线圈的额定电压应与控制回路电压一致。接触器在线圈额定电压85%及以上时应能可靠地吸合。

（6）主触点和辅助触点的数量应能满足控制系统的需要。

4. 交流接触器的安装与使用

安装交流接触器前，一般应进行以下检查。

（1）检查接触器铭牌和线圈的技术数据（如额定电压、额定电流、操作频率和通电持续率等）是否符合实际使用要求。

（2）对新购入的或搁置已久的接触器，应进行解体检查，擦净铁心极面上的防锈油，以免油垢黏滞而造成接触器线圈断电后铁心不释放。

（3）检查接触器有无机械损伤，用手推动接触器的活动部分，要求动作灵活，无卡涩现象。

（4）检查和调整触点的工作参数（如开距、超程、初压力和终压力等），使其符合要求；检查各级触点接触是否良好，分合是否同步。

（5）检查接触器在85%额定电压时能否正常动作，是否卡住，在失压和电压过低时能否释放。

（6）用500V绝缘电阻表测试接触器的绝缘电阻，测得的绝缘电阻值一般不应低于0.5MΩ。

（7）用万用表检查线圈是否断线，并揿动接触器，检查辅助触点接触是否良好。

（8）检查带灭弧罩的接触器时，应特别注意陶瓷灭弧罩是否破损或脱落，严禁这种接触器在灭弧罩破损或无灭弧罩的情况下运行。

安装交流接触器时，应注意以下几点。

（1）确定接触器的安装地点时，应考虑日后检查和维修方便。

（2）接触器应垂直安装，其底面与地面的倾斜度应小于5°。安装CJO系列的接触器时，应使有孔的两面处于上下方向，以利于散热；应留有适当的飞弧空间，以免烧坏相邻电器。

（3）安装孔的螺栓应装有弹簧垫圈和平垫圈，并拧紧螺栓，以免松脱或振动；安装接线时，勿使螺栓、线圈、接线头等失落，以免落入接触器内部而造成卡住或短路。

（4）接触器安装完毕，检查接线正确无误后，应在主触点不带电的情况下，先使吸引线圈通电分合数次，检查其动作是否可靠。只有确认接触器处于良好状态，才可投入运行。

二、常用工具及仪器仪表的准备

工具准备：常用电工工具、尖嘴钳、剥线钳。

仪表准备：电流表、万用表、电压表、绝缘电阻表。

器材准备：调压器、刀开关、交流接触器、指示灯、绝缘导线。

实训场地准备：

(1) 实训场地每个位置至少保证 $2m^2$ 的面积，每个位置有固定台面且采光良好，工作面的光照强度不小于 100lx，不足部分采用局部照明补充。

(2) 实训场地应干净整洁，无环境干扰，空气新鲜，每个位置应准备的材料、设备、工具应齐全。

三、操作要点及要求

(1) 拆卸。按工艺要求、拆卸顺序操作，以免损坏器件。拆卸灭弧罩、触头、电磁机构。

(2) 检修。检查灭弧罩有无破裂或烧损；检查触头有无磨损；检查铁心有无变形、端面接触是否平整；检查弹簧有无变形或弹力不足；检查线圈有无短路或断路。

(3) 装配。按拆卸的逆顺序操作。

(4) 测试。按图 1-11 所示电路接好线，测试接触器的吸合电压值。调节调压器，使电压上升到接触器铁心吸合，此时电压为吸合电压，其值应小于或等于额定电压的 85%。测试接触器的释放电压值。调节调压器，使电压降低到接触器铁心分离，此时电压为释放电压，其值应大于额定电压的 50%。

测试的触头压力可用纸条检查。将一张约厚 0.1mm 的纸条夹在接触器的触头间，使触头闭合，用手拉动纸条，若纸条稍用力即可拉出，说明压力合适；若纸条被拉断，说明压力太大；若纸条很容易拉出，说明压力太小。

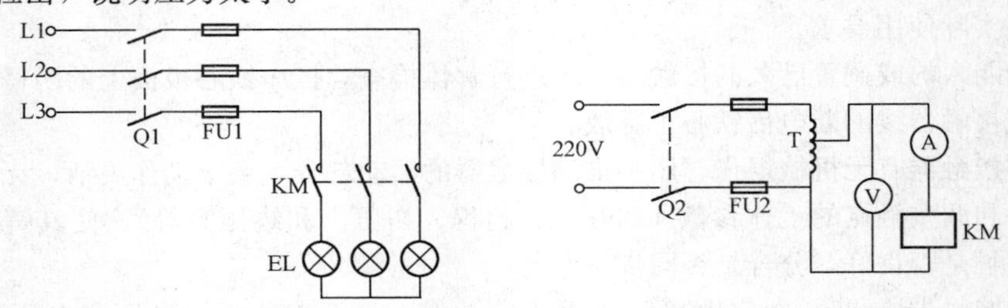

图 1-11 接触器吸合电压与释放电压测试电路

四、注意事项

(1) 拆卸时要有放零件的容器以防零件丢失。

(2) 测试时要均匀、缓慢地调节调压器。

五、考核评分

交流接触器的拆装、测试与检修考核评分标准见表 1-2。

表 1-2 交流接触器的拆装、测试与检修考核评分标准

序号	内容	评分标准	分值	得分
1	拆卸	拆卸顺序正确，无损坏零件。每错一处扣 5 分	20	
2	检修	检查完整。每漏检一处扣 3 分	20	
3	装配	装配顺序正确，无损坏零件。每错一处扣 5 分	20	
4	通电测试	测试完整，准确。电源接错，扣 5 分；漏测一项扣 5 分；吸合后有噪声，扣 5 分	30	
5	安全操作	文明施工，综合参考	10	
6	总分			

任务2 空气阻尼式时间继电器的解体、测试与检修

一、实训理论基础

时间继电器是一种利用电磁原理或机械原理实现延时控制的自动开关装置，当输入信号输入后，经一定的延时，才有输出信号。按其动作原理与构造不同，时间继电器分为直流电磁式、空气阻尼式、电动机式、电子式等几大类。延时方式有通电延时和断电延时两种。通电延时型时间继电器即当电磁线圈通电后，经一段时间后延时触点状态才发生变化；断电延时型时间继电器即当电磁线圈断电后，经一段时间，延时触点状态才发生变化。

1. 直流电磁式时间继电器

直流电磁式时间继电器用于直流电气控制电路中，只能作短时间的直流断电延时。它主要由电磁机构、触头系统、阻尼铜套、延时整定部分等组成，如图1-12所示。

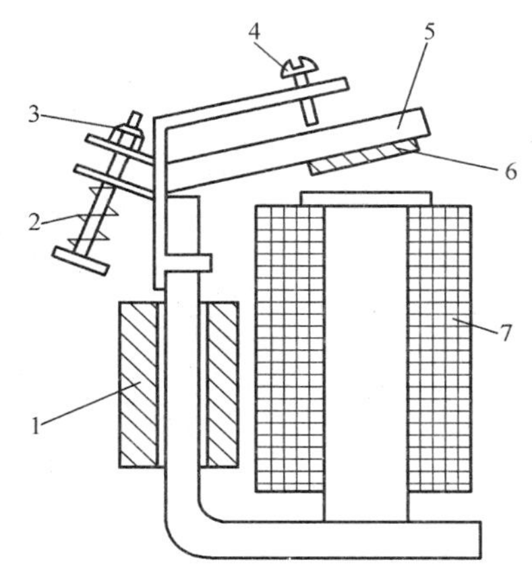

图1-12 直流电磁式时间继电器

1—阻尼铜套；2—反力弹簧；3、4—调整螺钉；5—衔铁；6—非磁性垫片；7—电磁线圈

工作原理：当电磁线圈断电后，铁心中的磁通迅速减少，根据电磁感应定律，在阻尼铜套产生感应电流，从而产生磁通，使铁心吸引衔铁一小段时间，达到延时的目的。

延时时间的整定是靠改变非磁性垫片和改变释放弹簧的松紧实现的。垫片越厚，延时越短；弹簧越紧，延时越短。

2. 空气阻尼式时间继电器

空气阻尼式时间继电器是利用空气阻尼作用获得延时的。它主要由电磁机构、触头系统、空气室、传动部分等组成，如图1-13所示。

工作原理：对通电延时型时间继电器，当线圈1通电后，铁心2将衔铁3吸合，带动推板5立即动作，压合微动开关16，触点瞬时动作。同时活塞杆6在塔形弹簧7的作用下，带动活塞13与橡皮膜9向上移动，移动的速度受进气孔12进气速度限制，当空气由进气孔进入时，活塞杆才缓慢上移。经过一定的时间，杠杆15压动微动开关14，触点延时动作。延时时间的整定是由进气孔的大小决定的，进气孔越大，延时越短。当线圈断电后，衔铁3在反力弹簧4的作用下将活塞12推向下方，这时橡皮膜下方气室内的空气通过橡皮膜9、弱弹簧8和活塞13的肩部所形成的单向阀，迅速地从橡皮膜上方的气室缝隙中排掉，微动开关14、16迅速复位，无延时。

断电延时型时间继电器的结构与通电延时型时间继电器相似，只是将电磁机构翻转180°安装，衔铁吸合时推动活塞向下，排出空气；衔铁释放时，空气由进气孔进入，活塞杆缓慢上移，实现断电延时。

3. 电动式时间继电器

电动机式时间继电器是利用微型同步电动机拖动减速齿轮，经传动机构获得延时动作的时间继电器。它主要由同步电动机、离合电磁铁、减速机构、差动轮系、触头系统、延时整定装置等组成，如图1-14所示。

延时时间的整定是通过改变整定装置中定位指针的位置实现的。

4. 电子式时间继电器

电子式时间继电器是由稳压电源、分压器、延时电路、触发器和执行机构（继电器）五部分组成的。接通电源后，电路中由电位器、钽电容组成的*RC*延时电路立即充电，经一段时间延迟

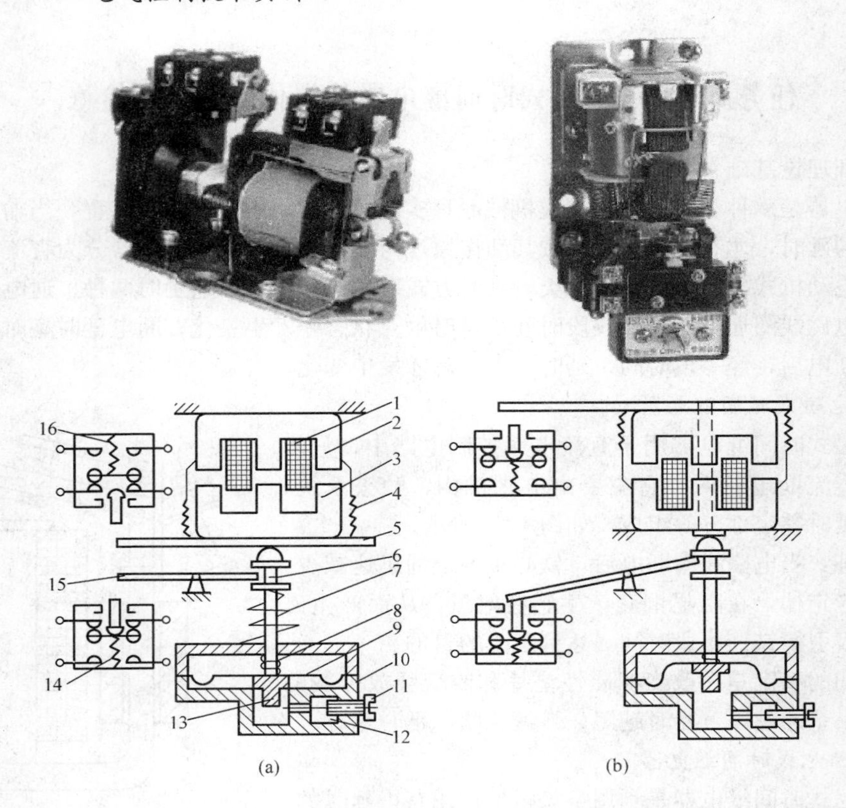

图 1-13 JS7-A 系列空气阻尼式时间继电器结构原理图

(a) 通电延时型；(b) 断电延时型

1—线圈；2—铁心；3—衔铁；4—反力弹簧；5—推板；6—活塞杆；7—塔形弹簧；8—弱弹簧；9—橡皮膜；10—空气室壁；11—调节螺钉；12—进气孔；13—活塞；14、16—微动开关；15—杠杆

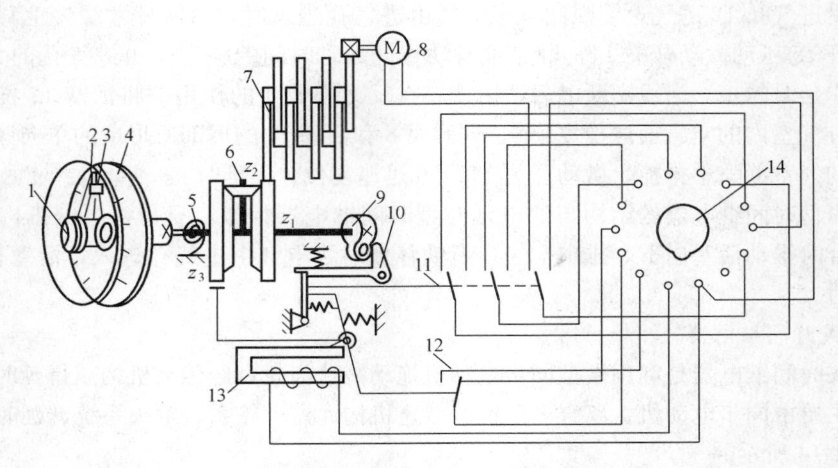

图 1-14 电动机式时间继电器

1—延时调节螺钉；2—指针；3—外壳；4—刻度盘；5—复位游丝；6—差动齿轮；7—减速齿轮；8—电动机；9—凸轮；10—脱扣机构；11—延时触点；12—瞬时触点；13—离合电磁铁；14—接线插脚

后，延时电路中钽电容 C 的电压略高于触发器的门限电位，触发器被触发，推动电磁继电器动作，从而接通或断开外电路，达到被控制电路的定时动作的目的。电子式时间继电器如图 1-15 所示。

图 1-15 电子式时间继电器

选用时间继电器时可从以下几方面考虑：延时长短、延时精度、延时方式、触点形式和数量、控制电路电压等级和电流种类。在要求延时范围大、准确度较高的场合，应选用电动式或电子式时间继电器。在延时精度要求不高、电压波动大的场合，可选用价格较低的电磁式或空气式时间继电器。

时间继电器的图形及文字符号如图 1-16 所示。

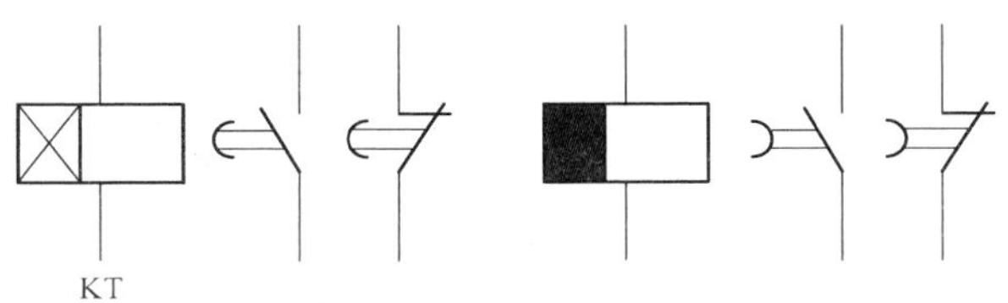

图 1-16 时间继电器的图形及文字符号

空气阻尼式时间继电器的安装与使用。

（1）时间继电器应按规定的方向安装，保证断电时衔铁垂直向下运动。

（2）时间继电器延时整定值应在运行前整定好。

（3）时间继电器的接地螺钉应可靠接地。

（4）使用时应经常清除灰尘及油污，保证延时的准确。

二、常用工具及仪器仪表的准备

工具准备：常用电工工具、尖嘴钳、剥线钳。

仪表准备：电流表、万用表、电压表、绝缘电阻表。

器材准备：调压器、刀开关、时间继电器、指示灯、绝缘导线。

实训场地准备：

（1）实训场地每个位置至少保证 $2m^2$ 的面积，每个位置有固定台面且采光良好，工作面的光照强度不小于 100lx，不足部分采用局部照明补充。

（2）实训场地应干净整洁，无环境干扰，空气新鲜，每个位置应准备的材料、设备、工具应齐全。

三、操作要点及要求

（1）拆卸。按拆卸顺序操作，以免损坏器件。拆卸触头系统、空气室、电磁机构。

（2）检修。检查触头有无磨损；检查铁心有无变形、端面接触是否平整；检查弹簧有无变形或弹力不足；检查线圈有无短路或断路；检查空气室进气是否良好；检查传动机构动作是否灵活。

（3）装配。按拆卸的逆顺序操作。

（4）测试。测试时间继电器的吸合电压值、释放电压值（方法与测试接触器的方法相同），测试延时整定时间（用秒表校验）。

四、注意事项

（1）拆卸时要有放零件的容器以防零件丢失。

(2) 测试时要均匀、缓慢地调节调压器。

五、考核评分

空气式时间继电器的拆装、测试与检修考核评分标准见表 1-3。

表 1-3　空气式时间继电器的拆装、测试与检修考核评分标准

序号	内　容	评 分 标 准	分值	得分
1	拆卸	拆卸顺序正确，无损坏零件。每错一处扣 5 分	20	
2	检修	检查完整。每漏检一处扣 3 分	20	
3	装配	装配顺序正确，无损坏零件。每错一处扣 5 分	20	
4	测试	测试完整，准确。漏测一项扣 10 分	30	
5	安全操作	文明施工，综合参考	10	
6	总分			

任务 3　热继电器的解体、测试与整定

一、实训理论基础

热继电器是电流通过发热元件使双金属片受热产生弯曲，从而推动触头动作的电器，主要用来保护电动机或其他负载免于过载以及作为三相电动机的断相保护。其主要类型有两相、三相和带断相保护等，如图 1-17 所示。

图 1-17　热继电器实物图

1. 三相热继电器的结构

热继电器主要由双金属弯曲片、热元件、动作机构、触头系统、整定调整装置及手动复位装置等组成，如图 1-18 所示。

双金属弯曲片为温度检测元件，由两种膨胀系数不同的金属片压焊而成。被加热元件加热后，因

两层金属片伸长率不同而弯曲。

动作机构为导板及推杆，利用杠杠传递，推杆推动动断触点断开。

触头系统为单断点，一般为一对动断触点和一对动合触点。

整定调整装置为调节旋钮，它是一个偏心轮，通过改变推杆移动距离，达到调节整定电流值的目的。

复位装置为复位按钮，有手动和自动两种形式，通过转动螺钉 5 来选择复位方式。一般选手动复位，需按下复位按钮。

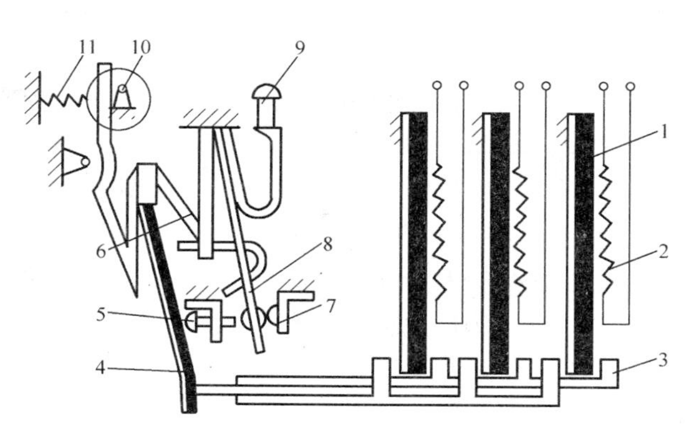

图 1-18 双金属片式热继电器结构原理图

1—主双金属片；2—电阻丝；3—导板；4—补偿双金属片；5—螺钉；6—推杆；7—静触头；8—动触头；9—复位按钮；10—调节凸轮；11—弹簧

2. 工作原理

加热元件串接在电动机定子绕组中，电动机正常运行时，热元件产生的热量不会使触头系统动作；当电动机过载时，流过元件的电流增大，经过一定的时间，热元件产生的热量使双金属弯曲片的弯曲程度超过一定值，通过导板推动热继电器的触头动作（动合触点闭合，动断触点断开）。通常将其动断触点与接触器线圈电路串联，切断接触器线圈电流，使电动机主电路断电。故障排除后，手动复位热继电器触点，可以重新接通控制电路。

3. 带断相保护的热继电器

带断相保护的热继电器结构与三相热继电器结构大致相同，只是导板必须为内、外两片，而且可做两个方向的差动运动。如图 1-19 所示，当三相电流都过载时，三相双金属弯曲片均发热弯

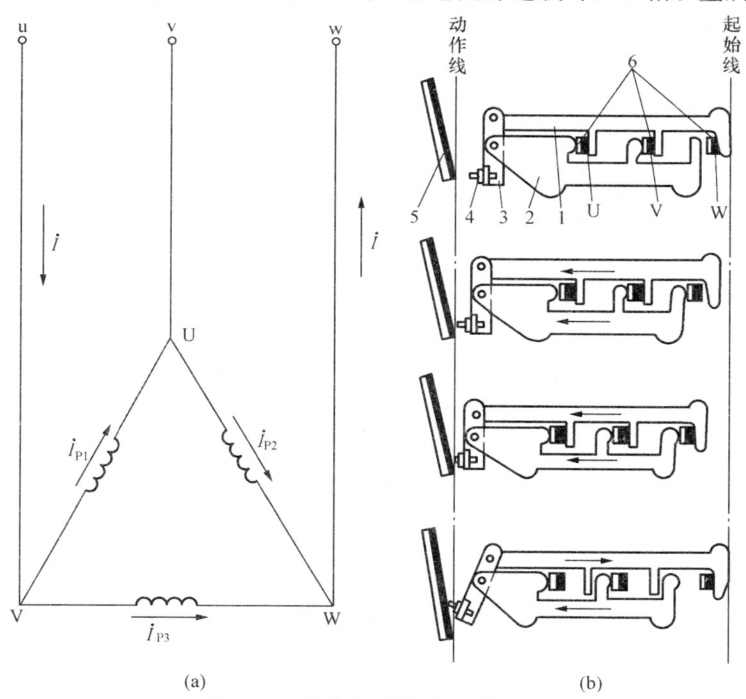

图 1-19 带断相保护的热继电器

（a）三角形连接 U 相断相；（b）差动式断相保护原理

1—上导板；2—下导板；3—杠杆；4—顶头；5—补偿双金属弯曲片；6—主双金属弯曲片

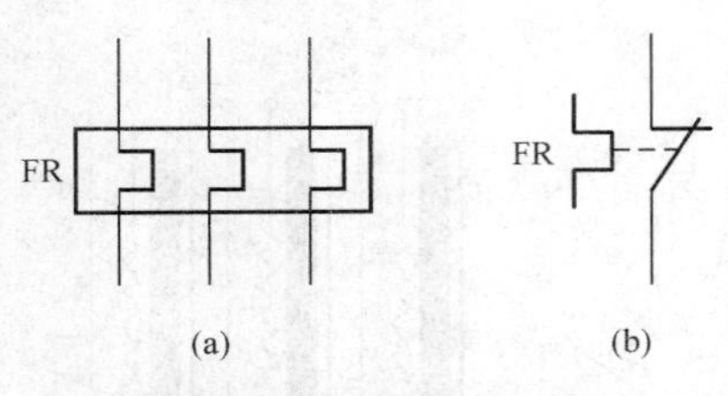

图 1-20　热继电器图形和文字符号
(a) 加热元件；(b) 热继电器触点

曲，内外导板一起向左移动，通过动作机构使触头动作。当一相断相时，该相的双金属弯曲片冷却，带动内导板向右移动，内外导板产生差动运动，通过动作机构使触头动作。

热继电器的图形和文字符号如图 1-20 所示。

4. 热继电器的选用

(1) 热继电器有 3 种安装方式，应按实际安装情况选择其安装方式。

(2) 热继电器的额定电流应按电动机的额定电流选择。

(3) 在不频繁启动的场合，要保证热继电器在电动机启动过程中不产生误动作。

(4) 对于三角形接法的电动机，应选用带断相保护的热继电器。

(5) 当电动机工作于重复短时工作制时，要注意确定热继电器的允许操作频率。

5. 热继电器的安装与使用

热继电器安装的方向、使用环境和所用连接线都会影响其动作性能，安装时应注意。

(1) 热继电器的安装方向。当热继电器与其他电器安装在一起时，应装在其他电器下方且远离其他电器 50mm 以上，以免受其他电器发热的影响。热继电器的安装方向应按产品说明书的规定确定，以确保热继电器在使用时的动作性能。

(2) 使用环境。热继电器周围介质的温度应与电动机周围介质的温度相同，否则会破坏已调整好的配合情况。

(3) 连接线。热继电器的连接线除起导电作用外，还起导热作用。如果连接线太细，则连接线产生的热量会传到双金属弯曲片，加上发热元件沿导线向外散热少，从而缩短了热继电器的脱扣动作时间；反之，如果采用的连接线过粗，则会延长热继电器的脱扣动作时间。所以连接导线截面不可太细或太粗，应尽量采用说明书规定的或相近的截面积。

(4) 热继电器的调整。投入使用前，必须对热继电器的整定电流进行调整，以保证热继电器的整定电流与被保护电动机的额定电流匹配。

二、常用工具及仪器仪表的准备

工具准备：螺钉旋具、尖嘴钳、镊子、扳手。

仪表准备：万用表、绝缘电阻表。

器材准备：JR 16B-20/3 热继电器

实训场地准备：

(1) 实训场地每个位置至少保证 $2m^2$ 的面积，每个位置有固定台面且采光良好，工作面的光照强度不小于 100lx，不足部分采用局部照明补充。

(2) 实训场地应干净整洁，无环境干扰，空气新鲜，每个位置应准备的材料、设备、工具应齐全。

三、操作要点及要求

(1) 打开热继电器外盖，观察热继电器内部结构，记录各零件名称。

(2) 检测各热元器件的电阻值并记录。

(3) 调节电流整定值，进行通电检验。按图 1-21 所示电路接线，合上刀开关 Q，按下按钮

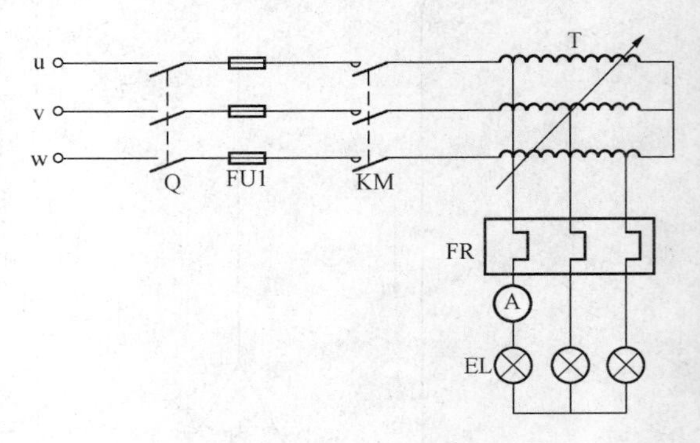

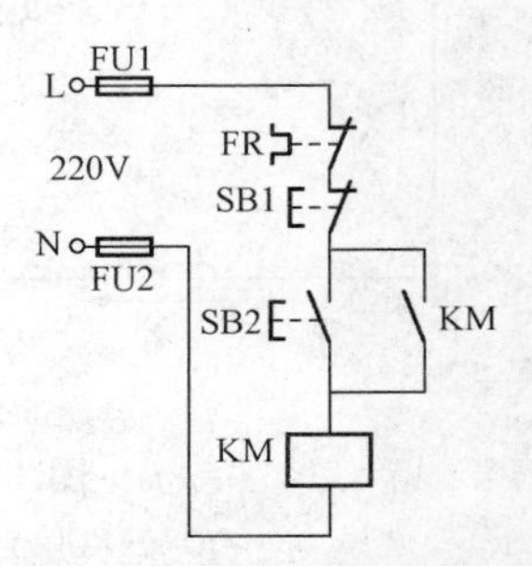

图 1-21　热继电器电流整定检验电路

SB2，调节调压器使电流上升为热继电器的整定电流值，观察热继电器是否动作。

四、注意事项

（1）拆卸时要有放零件的容器以防零件丢失。

（2）测试时要均匀、缓慢地调节调压器。

五、考核评分

热继电器的拆装、测试与检修考核评分标准见表1-4。

表1-4　热继电器的拆装、测试与检修考核评分标准

序号	内容	评　分　标　准	分值	得分
1	拆卸	拆卸顺序正确，无损坏零件。每错一处扣5分	20	
2	检修	检查完整。每漏检一处扣3分	20	
3	装配	装配顺序正确，无损坏零件。每错一处扣5分	20	
4	测试	测试完整，准确。漏测一项扣10分	30	
5	安全操作	文明施工，综合参考	10	
6	总分			

任务4　电压继电器、电流继电器的解体、测试与整定

一、实训理论基础

电压继电器与电流继电器都属于电磁式继电器。它们的基本结构主要由电磁结构、触头系统和调节装置等组成，如图1-22所示。

1. 电压继电器

电压继电器是根据输入（线圈）电压大小而决定是否动作的继电器。它用于电力拖动系统的电压保护和控制，使用时电压继电器的线圈与负载并联。

特点：其线圈的匝数多而线径细。

分类：按流经线圈电流的种类不同可以分为交流电压继电器和直流电压继电器，按吸合电压大小不同又可以分为过电压继电器、欠电压继电器和零电压继电器。

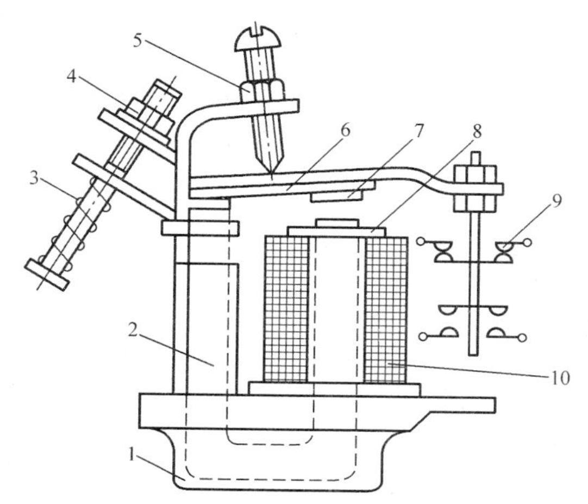

图1-22　电磁式继电器的典型结构

1—底座；2—铁心；3—释放弹簧；4—调节螺母；5—调节螺钉；6—衔铁；7—非磁性垫片；8—极靴；9—触头系统；10—线圈

过电压继电器为当线圈电压大于整定值时动作的继电器，它的动断触点串联在接触器的线圈电路中。在电路电压正常时衔铁不吸合，它的动断触点不动作；当电压超过某一整定值时衔铁才吸合，它的动断触点断开，从而断开接触器线圈电源。一般整定电压为额定电压的110%～120%，对电路进行过电压保护。欠电压继电器为当线圈电压为额定电压的40%～70%时动作的继电器，它的动合触点串联在接触器的线圈电路中。在电路电压正常时衔铁吸合，它的动合触点闭合；当电压低到整定值时衔铁释放，它的动合触点

断开，从而断开接触器线圈电源，对电路进行欠电压保护。零电压继电器的工作原理与欠电压继电器相似，当电压降到额定电压的5%～25%时动作，对电路进行零压保护。

电压继电器的图形和文字符号如图1-23所示。

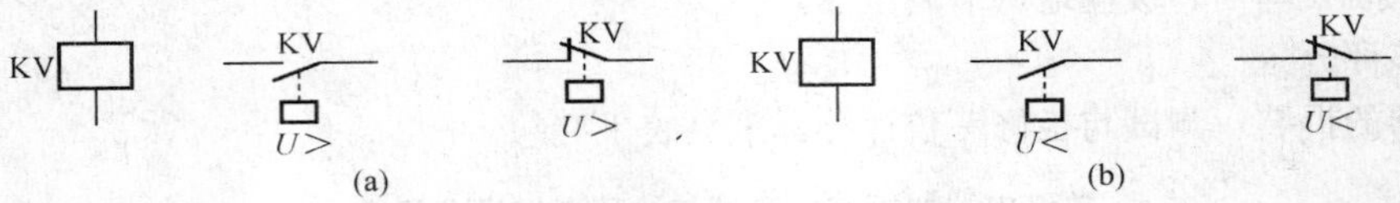

图1-23　电压继电器的图形、文字符号
(a) 过电压继电器的图文符号；(b) 欠电压继电器的图文符号

2. 电流继电器

电流继电器是根据输入（线圈）电流大小而决定是否动作的继电器。它用于电力拖动系统的电流保护和控制，使用时电流继电器的线圈串接在被控或被保护电路中，反映电路电流的变化。

特点：其线圈的匝数少而线径粗。

分类：按线圈电流的种类不同可以分为交流电流继电器和直流电流继电器，按吸合电流大小不同又可以分为过电流继电器、欠电流继电器。

过电流继电器为当线圈电流大于整定值时动作的继电器，它的动断触点串联在接触器的线圈电路中。在电路电流正常时衔铁不吸合，它的动断触点不动作；当电流超过某一整定值时衔铁才吸合，它的动断触点断开，从而断开接触器线圈电源。一般整定电流为额定电流的1.1～3.5倍，对电路进行过电流保护。欠电流继电器为当线圈电流为额定电流的10%～20%时动作的继电器，它的动合触点串联在接触器的线圈电路中。在电路电流正常时衔铁吸合，它的动合触点闭合；当电流低到整定值时衔铁释放，它的动合触点断开，从而断开接触器线圈电源，对电路进行欠电流保护。

电流继电器的图形和文字符号如图1-24所示。

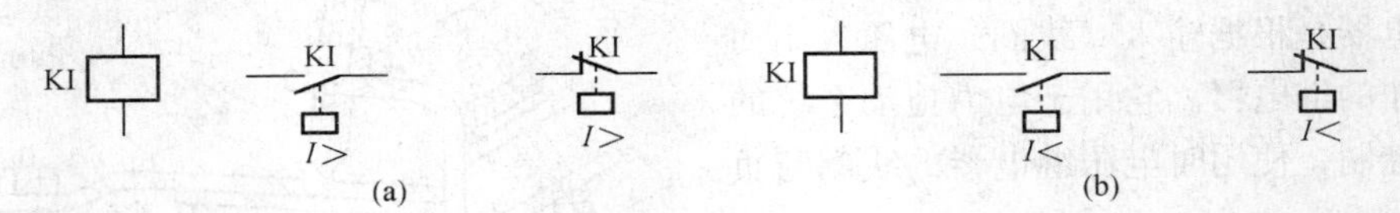

图1-24　电流继电器的图形、文字符号
(a) 过电流继电器的图文符号；(b) 欠电流继电器的图文符号

3. 电磁式继电器的整定方法

在使用继电器前，应预先将它们的动作值整定到控制系统所需要的值。对图1-22所示的继电器，整定方法如下。

(1) 调节调整螺钉上的螺母4可以改变反力弹簧的松紧度，以调整它们的吸合值、反力弹簧越紧，吸合值越大。

(2) 调节调整螺钉5可以改变初始气隙的大小，以调整它们的吸合值。气隙越大，吸合值越大。

(3) 改变非磁性垫片的厚度可以调节释放值，非磁性垫片越厚，释放值越大。

4. 电压、电流继电器的选用

(1) 线圈电压或电流应满足控制线路的要求。

(2) 应按控制要求分别选择过电压继电器、欠电压继电器、过电流继电器、欠电流继电器。

(3) 应按电路性质要求选择交流继电器或直流继电器。

二、常用工具及仪器仪表的准备

工具准备：螺钉旋具、尖嘴钳、镊子、扳手。

仪表准备：万用表、绝缘电阻表。

器材准备：交/直流电压继电器、电压表、指示灯、滑线变阻器、刀开关。

实训场地准备：

(1) 实训场地每个位置至少保证 $2m^2$ 的面积，每个位置有固定台面且采光良好，工作面的光照强度不小于 100lx，不足部分采用局部照明补充。

(2) 实训场地应干净整洁，无环境干扰，空气新鲜，每个位置应准备的材料、设备、工具应齐全。

三、操作要点及要求

(1) 按图 1-25 所示电路接线。

(2) 吸合电压的整定。合上刀开关 Q，接通电源，移动滑线变阻器，将电压调节到所要求的吸合电压值，调节调整螺钉上的螺母 4，直到衔铁吸合，指示灯亮为止。

(3) 释放电压的整定。合上刀开关 Q，接通电源使衔铁吸合。移动滑线变阻器，使线圈电压减小到所要求的释放电压，若衔铁不能释放，则拉开刀开关 Q，在衔铁内侧面加装非磁性垫片。重新合刀开关，若衔铁还不释放，则再打开刀开关 Q，增加非磁性垫片的厚度，直到衔铁刚好释放为止，指示灯由亮变暗。

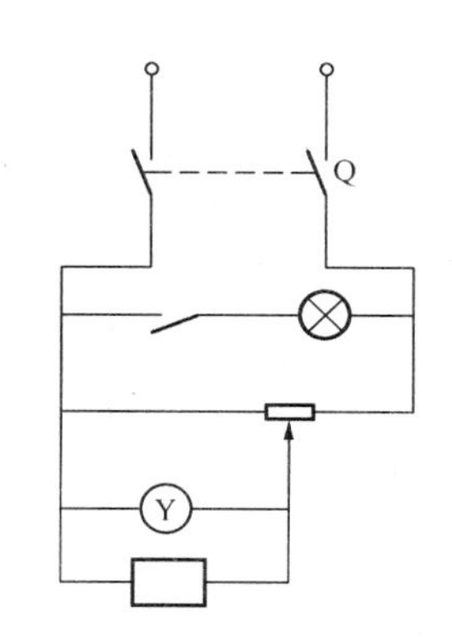

图 1-25 电压继电器整定

四、注意事项

(1) 拆卸时要有放零件的容器以防零件丢失。

(2) 测试时要均匀、缓慢地调节调压器。

五、考核评分

电压继电器的拆装、测试与检修考核评分标准见表 1-5。

表 1-5 电压继电器的拆装、测试与检修考核评分标准

序号	内 容	评 分 标 准	分值	得分
1	拆卸	拆卸顺序正确，无损坏零件。每错一处扣 5 分	20	
2	检修	检查完整。每漏检一处扣 3 分	20	
3	装配	装配顺序正确，无损坏零件。每错一处扣 5 分	20	
4	测试	测试完整，准确。漏测一项扣 10 分	30	
5	安全操作	文明施工，综合参考	10	
6	总分			

任务 5 电流互感器控制电路的安装与调试

一、实训理论基础

互感器分为电流互感器和电压互感器，本书主要介绍电流互感器。

1. 一相式接线

在该接线方式下，电流线圈通过的电流反映一次电路相应相的电流。通常用于负荷平衡的三相电路如低压动力线路中，供测量电流、电能或接过负载保护装置之用。

2. 两相V形接线

该接线方式也称为两相不完全星形接线，在继电保护装置中称为两相两继电器接线。在中性点不接地的三相三线制电路中，广泛用于测量三相电流、电能及作过电流继电保护之用。两相V形接线的公共线上的电流反映的是未接电流互感器那一相的相电流。

3. 两相电流差接线

在继电保护装置中，此接线方式也称为两相一继电器接线。该接线方式适于中性点不接地的三相三线制电路中作过电流继电保护之用。在该接线方式下，电流互感器二次侧公共线上的电流值为相电流的$\sqrt{3}$倍。

4. 三相星形接线

在这种接线方式下，3个电流线圈流过的电流正好反映各相的电流，广泛用在负荷一般不平衡的三相四线制系统中，也用在负载可能不平衡的三相三线制系统中，作三相电流、电能测量及过电流继电保护之用。

二、常用工具及仪器仪表的准备

工具准备：尖嘴钳、剥线钳、活扳手。

仪表准备：电流表、万用表、电压表、绝缘电阻表。

器材准备：调压器、刀开关、滑线变阻器、绝缘导线。

实习场地准备：

(1) 实习场地每个位置至少保证2m^{2}的面积，每个位置有固定台面且采光良好，工作面的光照强度不小于100lx，不足部分采用局部照明补充。

(2) 实习场地应干净整洁，无环境干扰，空气新鲜，每个位置应准备的材料、设备、工具应齐全。

三、操作要点及要求

(1) 安装接线板上的电气元件时，必须按电气布置图安装，并做到元件安装牢固，元件排列整齐、均匀、合理。紧固元件时要用力均匀，紧固度适当，以防元件损坏。

(2) 板内部布线应平直、整齐，紧贴敷设面，走线合理且触点不得松动、不露铜、不反圈、不压绝缘层等，并符合工艺要求。

(3) 布线完工之后，必须对电路进行全面检查。

四、操作步骤

电流互感器安装和使用示意图如图1-26所示。

1. 两相星形接线

两相星形接线如图1-26 (a) 所示。两相星形接线又称不完全星形接线，这种接线只用两组电流互感器，一般测量两相的电流，但通过公共导线也可测第三相的电流。它主要适用于小接地电流的三相三线制系统，在发电厂、变电站6～10kV馈线回路中，也常用来测量和监视三相系统的运行状况。

2. 两相电流差接线

两相电流差接线如图1-26 (b) 所示。两相电流差接线也称两相交叉接线。由图1-27所示相量图可知，二次侧公共线上电流为$\dot{I}_u-\dot{I}_w$，其相量值为相电流的$\sqrt{3}$倍。这种接线很少用于测量回路，主要应用于中性点不直接接地系统的保护回路。

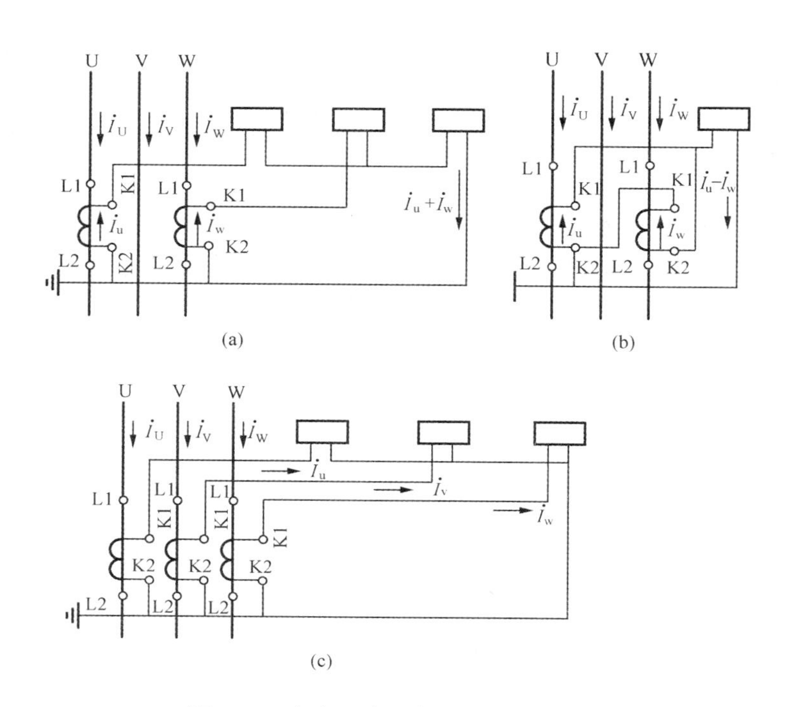

图 1-26 电流互感器安装和使用示意图

(a) 两相星形接线；(b) 两相电流差接线；(c) 三相星形接线

3. 三相星形接线

三相星形接线如图 1-26（c）所示。三相星形接线又称完全星形接线，它是由三只完全相同的电流互感器构成的。由于每相都有电流流过，所以当三相负载不平衡时，公共线中就有电流流过，此时公共线是不能断开的，否则就会产生计量误差。该种接线方式适用于高压大接地电流系统、发电机二次回路、低压三相四线制电路中。

五、注意事项

（1）电流互感器一次侧电流磁动势 I_1N_1 在铁心产生磁通 ϕ_1。

（2）电流互感器二次侧电流磁动势 I_2N_2 在铁心产生磁通 ϕ_2。

（3）电流互感器铁心合磁通：$\phi=\phi_1+\phi_2$。

（4）因为 ϕ_2、ϕ_2 方向相反，大小相等，互相抵消，所以 $\phi=0$。

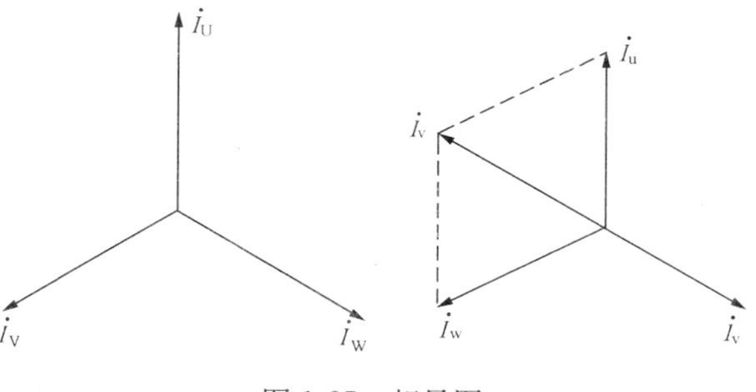

图 1-27 相量图

（5）若二次侧开路，即 $I_2=0$，则 $\phi=\phi_1$，电流互感器铁心磁通很强，达到饱和，故铁心发热，烧坏绝缘，产生漏电。

（6）若二次侧开路，即 $I_2=0$，则 $\phi=\phi_1$，ϕ 在电流互感器二次绕组 N_2 中产生很高的感生电动势 e，在电流互感器二次绕组两端形成高压，危及操作人员生命安全。

（7）电流互感器二次绕组一端接地，就是为了防止高压危险而采取的保护措施。

六、考核评分

互感器控制电路的安装及调试考核评分标准见表 1-6。

表 1-6 互感器控制电路的安装及调试考核评分标准

序号	内容	评分标准	分值	得分
1	元器件固定	元器件排列合理、整齐。每指出一处错扣 5 分	15	
2	接线工艺	导线连接可靠，剥皮适当，横平竖直	25	
3	接线正确	连接正确。每错一处扣 10 分	20	
4	通电	通电不成功，扣 30 分	30	
5	安全操作	文明施工，综合参考	10	
6	总分			

模块二 继电器—接触器控制电路实训

任务1 点动、长动控制线路接线与故障检测

一、实训目的

（1）熟悉交流接触器、热继电器、熔断器、低压断路器、按钮等电气元件的图形符号和文字符号。

（2）掌握使用万用表检查相关电气元件好坏的方法。

（3）能够读懂简单的电气原理图，并分析其工作原理。

（4）掌握电气原理图接线技能，并能够分析及检测故障。

二、实训理论基础

对于10kW以下的小容量电动机，可直接加额定电压使其启动运转，这种控制方式称为直接（全压）启动控制。

1. 线路构成

电动机点动、长动（即连续运行）控制线路是工业生产过程中常用的控制环节，其主电路及控制线路如图2-1所示。

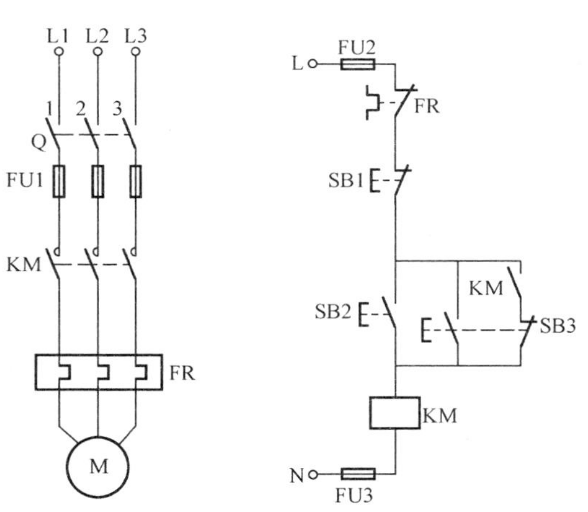

图2-1 点动、长动控制线路

2. 工作原理

在图2-1中，SB1为停止按钮，SB3为点动按钮，SB2为长动按钮、M为电动机。合上刀开关Q，接通三相电源，启动准备就绪。

当需要对电动机进行点动控制时，按下SB3，接触器线圈KM通电，其主触点闭合，电动机M转动，虽然KM的辅助动合触点也闭合，但由于复合按钮SB3动断触点的断开，使得其无法实现自锁。因此，松开SB3时，线圈KM失电，电动机停止转动，从而实现点动控制。

当需要对电动机进行长动（连续转动）控制时，按下SB2，接触器线圈KM通电，其主触点和辅助动合触点闭合，实现自锁。松开SB2，接触器线圈KM仍通电，电动机连续正常转动，从而实现长动控制。

当按下SB1时，切断控制电路，导致线圈KM失电，其主触点和辅助触点复位，从而切断三相电源，电动机停止转动。

3. 保护环节

在生产运行中会有很多干扰和故障出现，为了工业生产顺利地进行，减少生产事故，有必要在电路中设置一定的保护环节。在图2-1中使用的保护环节有短路保护（主要通过熔断器FU来

实现）、过载保护（主要通过热继电器FR来实现）。在长时间过载运行时，FR的动断触点断开，切断控制电路，KM主触点复位，切断三相电源，电动机停止运行；而在欠电压或失电压情况下，主要是依靠接触器KM本身的电磁机构来实现的。

三、常用工具及仪器仪表的准备

工具准备：常用电工工具、尖嘴钳、剥线钳。

仪表准备：电流表、万用表、电压表、绝缘电阻表。

器材准备：三相笼型异步电动机、交流接触器、热继电器、熔断器、刀开关、低压断路器、指示灯按钮、绝缘导线。

实训场地准备：

（1）实训场地每个位置至少保证$2m^2$的面积，每个位置有固定台面且采光良好，工作面的光照强度不小于100lx，不足部分采用局部照明补充。

（2）实训场地应干净整洁，无环境干扰，空气新鲜，每个位置应准备的材料、设备、工具应齐全。

四、操作要点及要求

电路安装接线应遵循“先主后控，先串后并；从左到右，从上到下；左进右出，上进下出”的原则。

电路安装接线的工艺要求为“横平竖直，弯成直角；少用导线少交叉，多线并拢一起走”。

在上述原则及要求的基础上，参照电气原理图进行接线。

五、线路检查并通电试车

1. 线路检查

主电路检查（将万用表打到200Ω挡，如无说明，主电路检查均置于该位置）：

（1）如图2-1所示，将万用表表笔放在1、2处，手动使KM线圈吸合，万用表读数应为电动机两绕组的串联电阻值（假设电动机为星形接法）。

（2）用上述方法将万用表表笔分别放在1、3和2、3处，万用表读数应相同。

控制电路检查：将万用表打到2kΩ挡（如无说明，检查控制电路时，万用表挡位均置于该位置），表笔放在L、N处（如无说明，检查控制电路时，万用表表笔均置于该位置），此时万用表正常读数应为无穷大，按下SB2或SB3，读数为KM线圈的电阻值。

2. 通电试车

用上述方法检查无误后，在老师的监护下通电试车。

（1）合上刀开关Q，接通电路电源。

（2）按下按钮SB3，电动机实现点动运行。

（3）按下按钮SB2，电动机实现连续运行（长动）。

（4）按下按钮SB1，电动机停止运行。

（5）断开Q，切断电源。

六、故障分析与检测

当电动机不能按要求正常运行时，即出现故障，此时要求学生掌握故障分析方法、故障点的检测及排除方法。

1. 故障分析

采用逻辑分析法确定故障范围，用排除法缩小故障范围。当电动机不能正常运行时，故障分析方法为：若接触器线圈不能得电，则故障必定在控制线路；若接触器线圈能够正常得电，则故障必定在主电路。该判断是利用了电动机主电路与控制电路的逻辑关系，即先有控制电路工作，才有主电路工作，然后才有电动机的运行，而电动机的运行都是通过接触器来控制的，因此分析时都是从接触器入手。

2. 采用测量法确定故障点

这里主要介绍电压法和电阻法确定故障点。

（1）电压法。电压法属带电操作，操作时要严格遵守带电作业安全规定，确保人身安全。测量前，必须将万用表的转换开关置于相应的电压类型及电压等级。

1）电压分阶测量法。根据上述分析方法，若按下SB2或SB3时接触器线圈不得电，则说明故障出现在控制电路，即W—17—18—19—20—21—N之间出现故障。将万用表转换开关置于交流电压500V挡位上。

测量时，首先测量W—N电源电压，确认电源电压正常。然后一人按下SB2或SB3不放，一人把黑表笔接在21点上，红表笔依次接在17、18、19、20各点上，分别测量21—17、21—18、21—19、21—20各两点之间电压值，如图2-2所示。根据测量结果可找出故障点，具体参照表2-1。

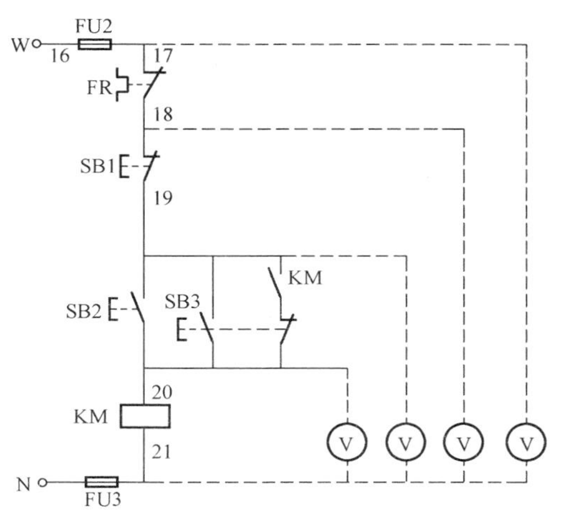

图2-2　电压分阶测量法

表2-1　电压分阶测量法对照表

故障现象	测量状态	测试点				故障点
		21—17	21—18	21—19	21—20	
按下按钮SB2或SB3时，接触器KM线圈不得电	电源电压正常，按下SB2或SB3不放	0	0	0	0	FU2、FU3熔断或接触不良
		220V	0	0	0	FR接触不良或动作
		220V	220V	0	0	SB1接触不良
		220V	220V	220V	0	SB2或SB3接触不良
		220V	220V	220V	220V	KM线圈断路

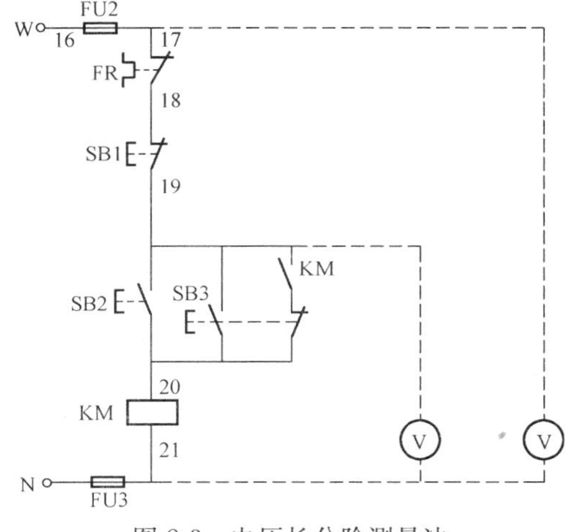

图2-3　电压长分阶测量法

这种测量方法对各个可能故障点一一次测量，称为电压分阶测量法。该方法可灵活应用，如图2-3所示，采用此方法测量，可快速缩小故障范围，主要适用于线路中的可能故障点较多的场合。这种测量方法称为电压长分阶测量法，测量时分界点可灵活选取，一般情况下，选择线路的中间部分作为分界点，这样可以将故障范围缩小50%，再根据测量结果以此类推，即可快速确定故障点。测量结果对应故障点情况可参照表2-2。

表 2-2　　电压长分阶测量法对照表

故障现象	测试状态	测试点		故障范围
		21—17	21—19	
按下按钮 SB2 或 SB3 时，接触器 KM 线圈不得电	电源电压正常，按下 SB2 或 SB3 不放	0	0	FU2、FU3 熔断或接触不良
		220V	0	17—18—19
		220V	220V	19—20—21

2）电压分段测量法。该方法是将被测电路分段，逐段进行测量的。该方法利用等电位原理来确定故障点，即电阻很小的电气元件正常情况下两端不会产生压降，如图 2-4 所示。测量结果及相对应的故障点可参照表 2-3。当然，电压分段测量法与电压分阶测量法一样，均可以灵活运用，进行长分段测量，即将线路分成 17—19 和 19—21 两段进行测量，如图 2-5 所示。此时故障范围即可快速缩小 50%，该方法也称为电压长分段测量法，测量结果及对应故障范围见表 2-4。

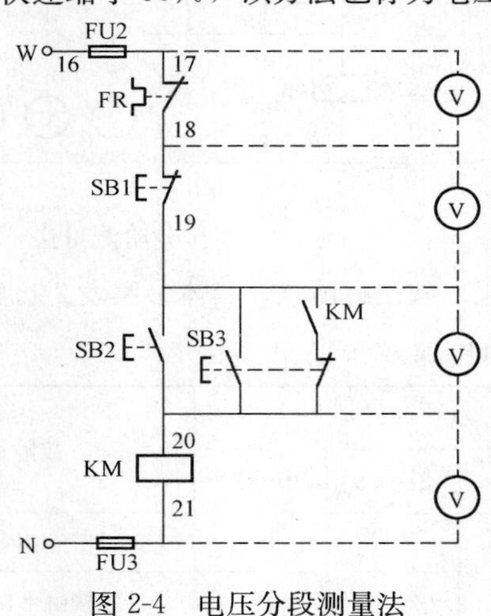

图 2-4　电压分段测量法

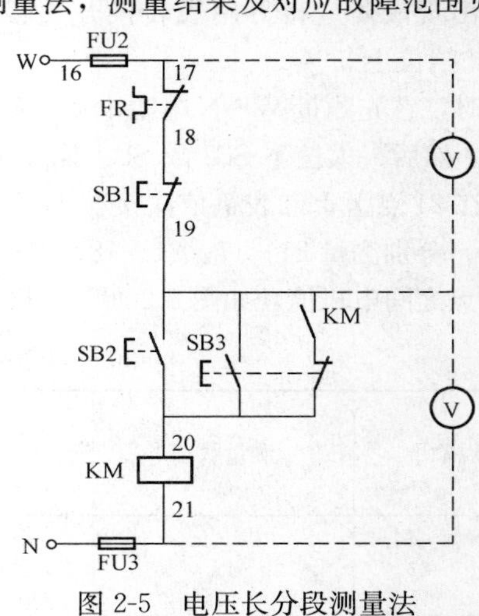

图 2-5　电压长分段测量法

表 2-3　　电压分段测量法对照表

故障现象	测量状态	测试点				故障点
		17—18	18—19	19—20	20—21	
按下按钮 SB2 或 SB3 时，接触器 KM 线圈不得电	电源电压正常，按下 SB2 或 SB3 不放	220V	0	0	0	FR 接触不良或动作
		0	220V	0	0	SB1 接触不良
		0	0	220V	0	SB2 或 SB3 接触不良
		0	0	0	220V	KM 线圈断路

表 2-4　　电压长分段测量法对照表

故障现象	测试状态	测试点		故障范围
		17—19	19—21	
按下按钮 SB2 或 SB3 时，接触器 KM 线圈不得电	电源电压正常，按下 SB2 或 SB3 不放	220V	0	17—18—19
		0	220V	19—20—21

（2）电阻法。电阻法属于停电操作，必须严格遵守停电、验电、防止突然送电等操作规程。测量时，务必先切断电源，然后将万用表转换开关置于合适挡位方可开始测量。

1）电阻分阶测量法。根据上述分析方法，若按下 SB2 或 SB3 时，接触器线圈不得电，则说明故障出现在控制电路，即 W—17—18—19—20—21—N 之间出现故障。

测量时，首先切断电源，然后一人按下 SB2 或 SB3 不放，一人把黑表笔接在 21 点上，红表笔依次接在 17、18、19、20 各点上，分别测量 21—17、21—18、21—19、21—20 各两点之间电阻值，如图 2-6 所示。根据测量结果可找出故障点，具体参照表 2-5。

表 2-5　电阻分阶测量法对照表

故障现象	测量状态	测试点				故障点
		21—20	21—19	21—18	21—17	
按下按钮 SB2 或 SB3 时，接触器 KM 线圈不得电	电源电压正常，按下 SB2 或 SB3 不放	∞	∞	∞	∞	KM 线圈断路
		R	∞	∞	∞	SB2 或 SB3 接触不良
		R	R	∞	∞	SB1 接触不良
		R	R	R	∞	FR 接触不良或动作
		R	R	R	R	FU2、FU3 熔断或接触不良

注　表中 R 表示 KM 线圈电阻值，下同。

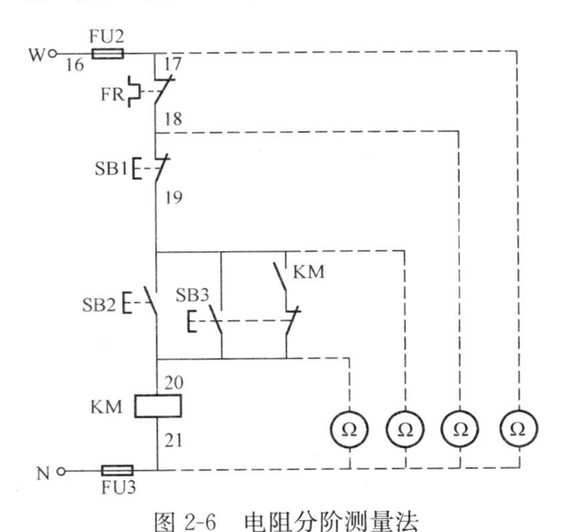

图 2-6　电阻分阶测量法

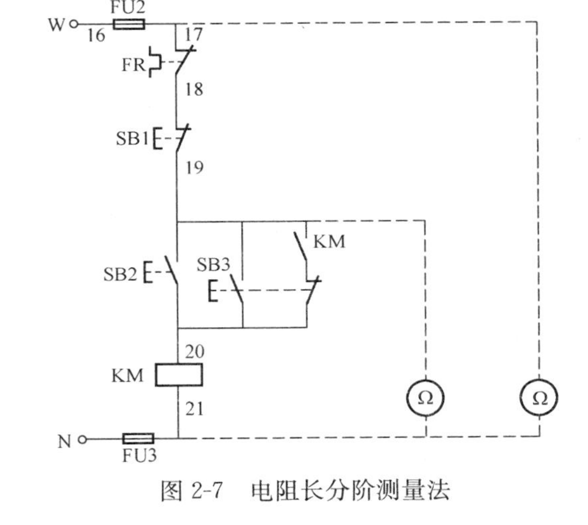

图 2-7　电阻长分阶测量法

这种测量方法对各个可能故障点一次测量，称为电阻分阶测量法。该方法与电压分阶测量法一样，可灵活应用，速缩小故障范围。图 2-7 所示测量方法称为电阻长分阶测量法，原理与电阻法类似。测量结果对应故障点情况可参照表 2-6。

表 2-6　电阻长分阶测量法对照表

故障现象	测试状态	测试点		故障范围
		21—19	21—17	
按下按钮 SB2 或 SB3 时，接触器 KM 线圈不得电	电源电压正常，按下 SB2 或 SB3 不放	∞	∞	17—18—19
		R	∞	19—20—21
		R	R	FU2、FU3 熔断或接触不良

2）电阻分段测量法。该方法是将被测电路分段，逐段测量电阻值，如图 2-8 所示，测量结果及相对应的故障点可参照表 2-7。当然，电阻分段测量法与电压分段测量法一样，可以灵活运

用，进行长分段测量，即将线路分成 17—19 和 19—21 两段进行测量，如图 2-9 所示。采用此方法可使故障范围快速缩小 50%，该方法也称为电阻长分段测量法，测量结果及对应故障范围见表 2-8。

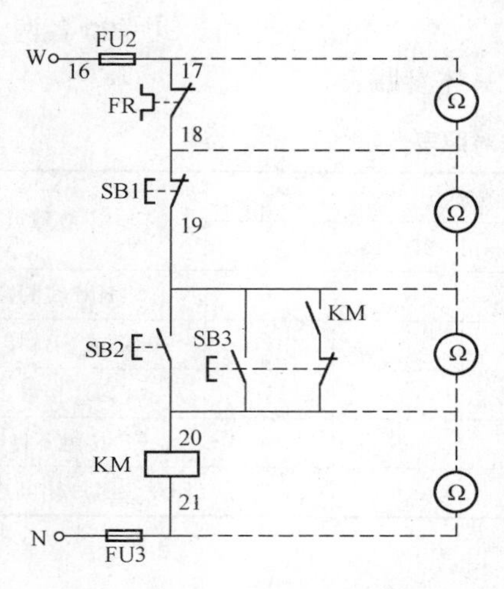

图 2-8　电阻分段测量法

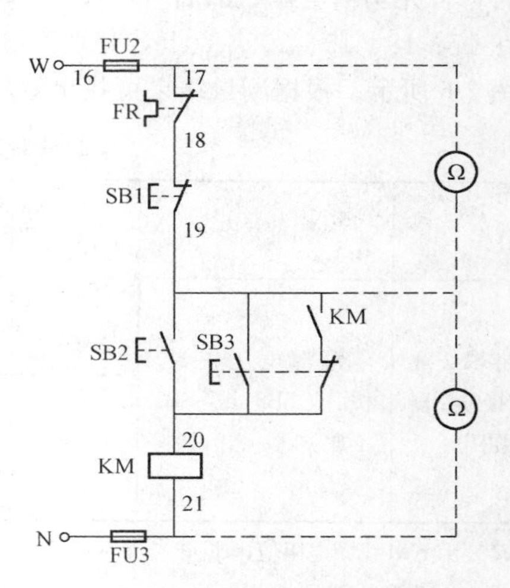

图 2-9　电阻长分段测量法

表 2-7　　电阻分段测量法对照表

故障现象	测量状态	测试点	正常阻值	测量阻值	故障点
按下按钮 SB2 或 SB3 时，接触器 KM 线圈不得电	电源电压正常，按下 SB2 或 SB3 不放	17—18	0	∞	FR 接触不良或动作
		18—19	0	∞	SB1 接触不良
		19—20	0	∞	SB2 或 SB3 接触不良
		20—21	R	∞	KM 线圈断路

表 2-8　　电压长分段测量法对照表

故障现象	测试状态	测试点	正常阻值	测量阻值	故障范围
按下按钮 SB2 或 SB3 时，接触器 KM 线圈不得电	电源电压正常，按下 SB2 或 SB3 不放	17—19	0	∞	17—18—19
		19—21	R	∞	19—20—21

七、考核评分

点动、长动控制线路实训考核评分标准见表 2-9。

表 2-9　　点动、长动控制线路实训考核评分标准

序号	内　容	评　分　标　准	分值	得分
1	元器件固定	元器件排列合理、整齐，每指出一处错扣 10 分	20	
2	接线工艺	导线连接可靠，剥皮适当，横平竖直	20	
3	接线正确	连接正确，每错一处扣 15 分	30	
4	通电调试	通电不成功，扣 20 分	20	
5	安全操作	文明施工，综合参考	10	
6	总分			

任务2 正反转控制线路接线与故障检测

一、实训目的

（1）熟悉常用电气元件的图形符号和文字符号。

（2）掌握使用万用表检查相关电气元件好坏的方法。

（3）掌握电动机正反转的工作原理。

（4）掌握电气原理图接线技能，并能够分析及检测故障。

二、实训理论基础

在实际生产中，常需要电动机能做正反两方向的运转。由电动机原理可知，改变电动机三相电源相序即可改变电动机的旋转方向。

1. 线路结构

电动机正反转控制线路电气原理图如图2-10所示。

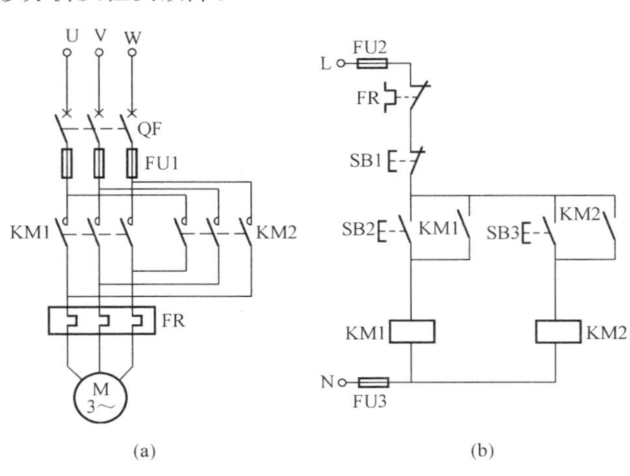

图2-10 电动机正反转控制线路电气原理图（1）
（a）主电路；（b）控制电路

2. 工作原理

如图2-10所示，按下按钮SB2，接触器KM1动作，电动机正转；按下按钮SB1，电动机停止正转；按下SB3，接触器KM2动作，电动机反转；按下按钮SB1，电动机停止反转。但当出现误操作时，即在电动机正转（反转）时按下SB3（SB2），接触器线圈KM1和KM2将同时通电，从而引起相间短路，因此正反向之间需要有一种联锁关系。通常采用图2-11所示的接触器互锁控制线路，将其中一个接触器的动断触点串入另一个接触器线圈电路中，则任一接触器线圈先带电后，即使按下相反方向按钮，另一个接触器也无法得电，这种联锁通常称为“互锁”，即二者存在相互制约的关系。

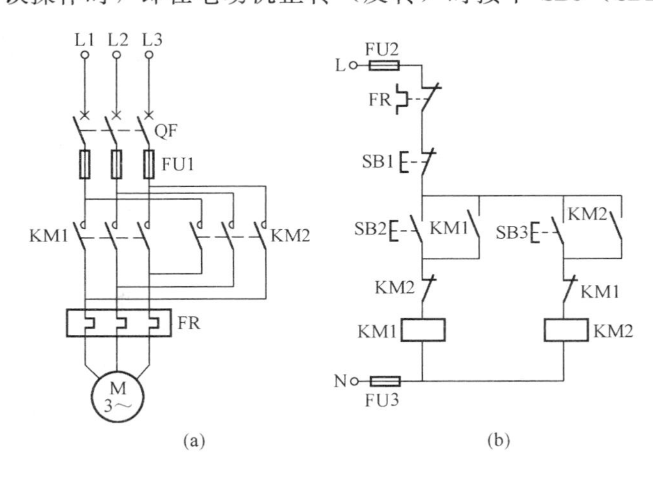

图2-11 电动机正反转控制线路电气原理图（2）
（a）主电路；（b）控制电路

如图2-11所示，在电动机正转的情况下要切换到反转，必须先按下停止按钮SB1，电动机停止运行，再按下反转按钮SB3，才能实现反转，因此把这种电路也称为“正—停—反”电路。但有些场合，要求能直接实现正反转，如图2-12所示。在图2-12中所示电路中，不仅设有继电器的互锁，而且还设有按钮互锁功能，即在正转运行情况下可以直接切换到反转，而不需要先按下停止按钮。在实际应用中，通常采用图2-12所示线路图，提高线路的可靠性。

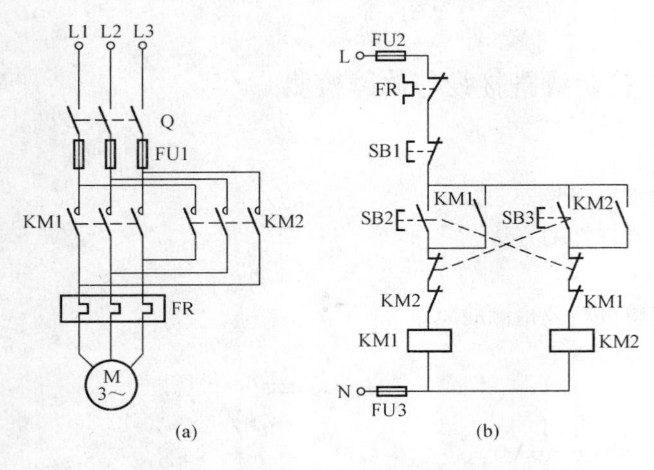

图 2-12　电动机正反转控制线路电气原理图（3）
（a）主电路；（b）控制电路

三、常用工具及仪器仪表的准备

工具准备：常用电工工具、尖嘴钳、剥线钳。

仪表准备：电流表、万用表、电压表、绝缘电阻表。

器材准备：三相笼型异步电动机、交流接触器、热继电器、熔断器、刀开关、低压断路器、指示灯按钮、绝缘导线。

实训场地准备：

（1）实训场地每个位置至少保证 $2m^2$ 的面积，每个位置有固定台面且采光良好，工作面的光照强度不小于100lx，不足部分采用局部照明补充。

（2）实训场地应干净整洁，无环境干扰，空气新鲜，每个位置应准备的材料、设备、工具应齐全。

四、操作要点及要求

接线原则与之前类似。接线时要注意主电路中 KM1 和 KM2 的相序，即进线端任意调换两相，而出线端相序则不变；另外还需注意辅助动合、动断触点的连接。

五、线路检查并通电试车

1. 主电路检查

检查方法与点动、长动控制线路实训的检查方法类似。

2. 控制电路检查

KM1 和 KM2 线圈支路应该分开测量。

3. 通电试车

通过上述方法检查无误后，在老师的监护下通电试车。

（1）合上开关 Q，接通电路电源。

（2）按下按钮 SB2，电动机正转，按下按钮 SB1，电动机停止运行。

（3）按下按钮 SB3，电动机反转，按下按钮 SB1，电动机停止运行。

（4）按下按钮 SB2，电动机正转，按下按钮 SB3，电动机反转。

（5）按下按钮 SB1，电动机停止运行。

（6）断开 Q，切断电源。

六、考核评分

正反转控制线路实训考核评分标准见表 2-10。

表 2-10　　正反转控制线路实训考核评分标准

序号	内　容	评　分　标　准	分　值	得分
1	元器件固定	元器件排列合理、整齐，每指出一处错扣 10 分	20	
2	接线工艺	导线连接可靠，剥皮适当，横平竖直	20	
3	接线正确	连接正确，每错一处扣 15 分	30	
4	通电调试	通电不成功，扣 20 分，如出现短路直接不及格	20	
5	安全操作	文明施工，综合参考	10	
6	总分			

任务3 行程开关控制线路接线及故障检测

一、实训目的

(1) 熟悉行程开关的图形符号和文字符号。

(2) 掌握使用万用表检查相关电气元件好坏的方法。

(3) 掌握行程控制线路的工作原理。

(4) 掌握电气原理图接线技能，并能够分析及检测故障。

二、实训理论基础

1. 线路结构

在实际生产中，常常要求生产机械的运动部件能实现自动往返。因为有行程限制，所以常用行程开关作为控制元件来控制电动机的正反转。

行程开关控制线路的结构示意图与电气原理图分别如图2-13、图2-14所示。

图2-13 行程开关控制线路结构示意图

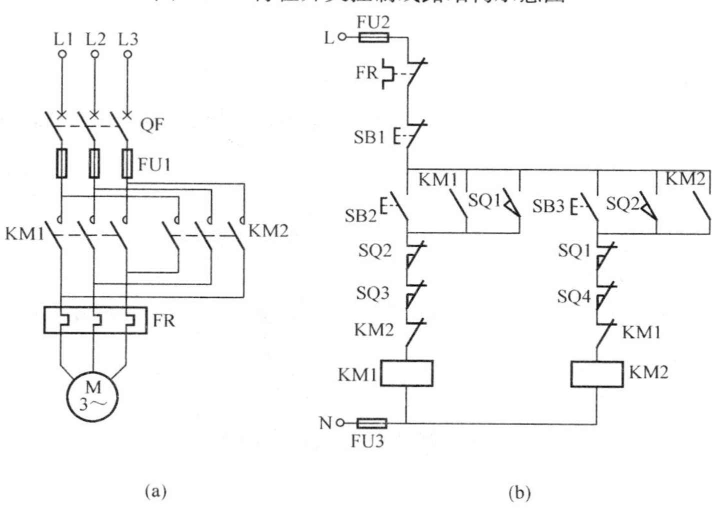

图2-14 行程开关控制电气原理图

(a) 主电路；(b) 控制电路

2. 工作原理

按下正向启动按钮SB2，接触器KM1得电动作并自锁，电动机正转使工作台前进。运行到SQ2位置，撞块压下SQ2，SQ2动断触点使KM1断电，SQ2的动合触点使KM2得电动作并自锁，电动机反转使工作台后退。工作台运动到右端点撞块压下SQ1时，KM2断电，KM1又得电动作，电动机又正转使工作台前进，这样一直循环。

SB1为停止按钮。SB2与SB3为不同方向的复合启动按钮，改变工作台方向时，可不按停止按钮直接操作。

限位开关SQ3、SQ4的限位保护作用：SQ3与SQ4安装在极限位置，由于发生某种故障，工作台到达SQ1（或SQ2）位置，未能切断KM1（或KM2），工作台将继续移动到极限位置，压下SQ3（或SQ4），此时最终把控制回路断开，使电动机停止，避免工作台由于越出允许位置而导致事故。

三、常用工具及仪器仪表的准备

工具准备：常用电工工具、尖嘴钳、剥线钳。

仪表准备：电流表、万用表、电压表、绝缘电阻表。

器材准备：三相笼型异步电动机、交流接触器、热继电器、熔断器、刀开关、低压断路器、指示灯按钮、行程开关、绝缘导线。

实训场地准备：

（1）实训场地每个位置至少保证2m²的面积，每个位置有固定台面且采光良好，工作面的光照强度不小于100lx，不足部分采用局部照明补充。

（2）实训场地应干净整洁，无环境干扰，空气新鲜，每个位置应准备的材料、设备、工具应齐全。

四、操作要点及要求

接线时要注意主电路中KM1和KM2的相序，即进线端任意调换两相，而出线端相序则不变；另外还需注意辅助动合、动断触点的连接；同时还需注意行程开关SQ1～SQ4动合、动断触点的接法。

五、线路检查并通电试车

1. 主电路检查

检查方法与之前实训的检查方法类似。

2. 控制电路检查

KM1和KM2线圈支路应该分开测量，行程开关SQ1、SQ2等要注意检查其动合、动断触点是否接错，SQ3、SQ4要接动断触点。

3. 通电试车

用上述方法检查无误后，在老师的监护下通电试车。

（1）合上QF，接通电路电源。

（2）按下按钮SB2，电动机正转，工作台左移，碰到SQ1，停止左移，电动机反转，工作台右移，碰到SQ2，工作台停止右移，电动机正转……如此循环往复。

（3）按下按钮SB1，电动机停止运行。

（4）SB3可用于反转启动，线路也可在任意位置启动和停止。

（5）断开QF，切断电源。

六、考核评分

行程控制线路实训考核评分标准见表2-11。

表2-11　行程控制线路实训考核评分标准

序号	内　容	评　分　标　准	分　值	得分
1	元器件固定	元器件排列合理、整齐，每指出一处错扣10分	20	
2	接线工艺	导线连接可靠，剥皮适当，横平竖直	20	
3	接线正确	连接正确，每错一处扣15分	30	
4	通电调试	通电不成功，扣20分，如出现短路直接不及格	20	
5	安全操作	文明施工，综合参考	10	
6	总分			

任务 4　顺序工作控制线路接线及故障检测

一、实训目的

（1）熟悉时间继电器等电气元件的图形符号和文字符号。

（2）掌握使用万用表检查相关电气元件好坏的方法。

（3）掌握顺序控制线路的工作原理。

（4）掌握电气原理图接线技能，并能够分析及检测故障。

二、实训理论基础

在多台电动机拖动的生产设备中，有时需要按一定的顺序控制电动机的启动和停止，即满足按顺序工作的联锁要求。

1. 线路结构

以两台电动机为例，顺序工作电路通常有任意启动、任意停止、顺序启动、顺（逆）序停止等，其电气原理图分别如图 2-15、图 2-16 所示。

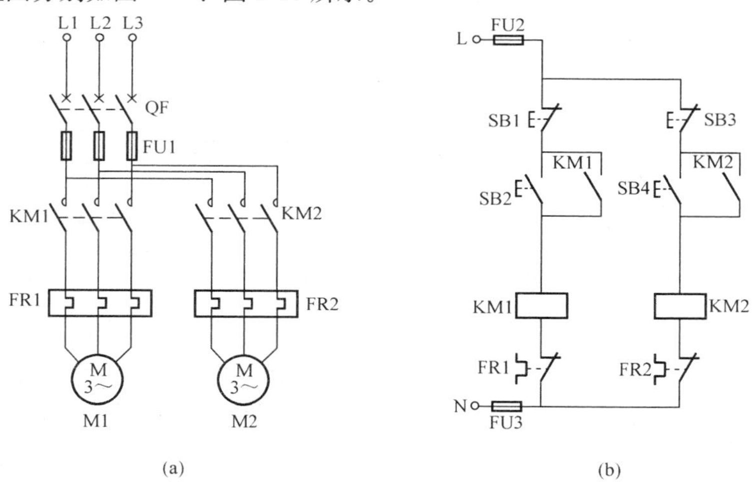

图 2-15　任意启动、任意停止线路图
（a）主电路；（b）控制电路

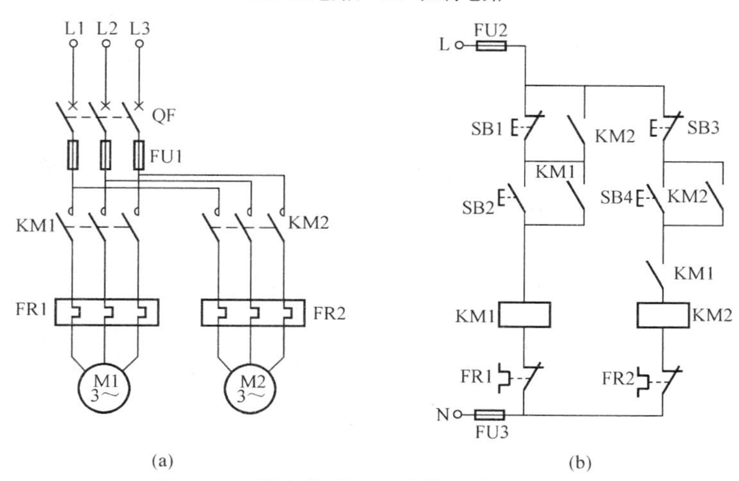

图 2-16　顺序启动、逆序停止线路图（1）
（a）主电路；（b）控制电路

2. 工作原理

图 2-15 就相当于将两个单台电动机的控制线路并联起来，与单台电动机控制线路类似，SB2、SB4 按钮分别为电动机 M1、M2 的启动按钮，SB1、SB3 分别为 M1、M2 的停止按钮，两台电动机独立运行。

在图 2-16 中，由于 KM2 线圈电路串有 KM1 动合触点，因此电动机启动时，KM1 必须先通电即 M1 电动机先启动，KM2 接触器线圈才能通电即 M2 电动机启动，即顺序启动；停止时，由于 SB1 按钮两端并联有 KM2 动合触点，因此 M1 电动机要停止即 KM1 线圈断电，必须使 KM2 线圈先断电即 M2 电动机先停止，即逆序停止。

当然，在图 2-16 所示顺序启动、逆序停止控制线路中，启动时，按下 SB2 启动 M1 后，M2 启动仍然必须手动按下 SB4 来完成；停止时，M1 的停止也必须手动完成，而无法完成自动启动、自动停止。图 2-17 就可以完成自动启动、自动停止，启动时按下 SB2，KM1 线圈通电并自锁，时间继电器 KT1 线圈通电延时，M1 电动机启动，KT1 定时时间到，KT1 延时闭合触点闭合，KM2 线圈通电并自锁，M2 电动机启动，完成自动启动；停止时，按下组合按钮 SB1，KM2 线圈断电，M2 电动机停止工作，同时时间继电器 KT2 通电延时，当 KT2 定时时间到时，其延时断开触点断开，KM1 线圈失电，M1 电动机停止运行，从而完成自动停止。

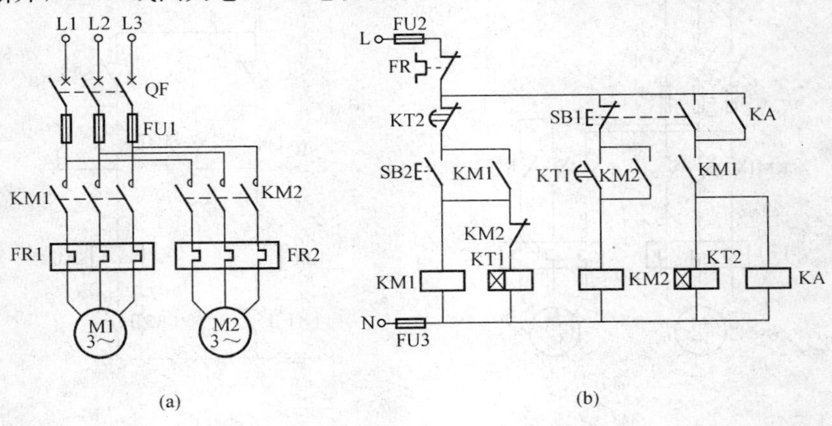

图 2-17 顺序启动、逆序停止线路图（2）

（a）主电路；（b）控制电路

三、常用工具及仪器仪表的准备

工具准备：常用电工工具、尖嘴钳、剥线钳。

仪表准备：电流表、万用表、电压表、绝缘电阻表。

器材准备：三相笼型异步电动机、交流接触器、热继电器、熔断器、时间继电器、刀开关、低压断路器、指示灯按钮、绝缘导线。

实训场地准备：

（1）实训场地每个位置至少保证 2m^2 的面积，每个位置有固定台面且采光良好，工作面的光照强度不小于 100lx，不足部分采用局部照明补充。

（2）实训场地应干净整洁，无环境干扰，空气新鲜，每个位置应准备的材料、设备、工具应齐全。

四、操作要点及要求

接线时要注意将两台电动机线路分开来接，注意区分 KM1、KM2 的动合、动断触点，注意时间继电器线圈、动合及动断触点及公共端的接法。

五、线路检查并通电试车

1. 主电路检查

检查方法与之前实训的检查方法类似，注意分开检查两台电动机电路。

2. 控制电路检查

KM1 和 KM2 线圈支路应该分开测量，注意检查 KM1、KM2 动合、动断触点，检查时间继电器动合、动断触点及线圈的接法。

3. 通电试车

用上述方法检查无误后，在老师的监护下通电试车。

图 2-15 操作顺序：

(1) 合上 QF，接通电路电源。
(2) 按下按钮 SB2 或 SB3，相应电动机启动。
(3) 按下按钮 SB1 或 SB4，相应电动机停止运行。
(4) 断开 QF，切断电源。

图 2-16 操作顺序：

(1) 合上 QF，接通电路电源。
(2) 按下按钮 SB2，电动机 M1 启动（如先按下按钮 SB3，电动机 M2 不会启动）。
(3) 按下按钮 SB3，电动机 M2 启动。
(4) 按下按钮 SB4，电动机 M2 停止运行（如先按下按钮 SB1，电动机 M1 不会停止）。
(5) 按下按钮 SB1，电动机 M1 停止运行。
(6) 断开 QF，切断电源。

图 2-17 操作顺序：

(1) 合上 QF，接通电路电源。
(2) 按下按钮 SB2，电动机 M1 先启动，经过一定时间，电动机 M2 自动启动。
(3) 按下按钮 SB1，电动机 M2 停止运行，经过一定时间，电动机 M1 自动停止运行。
(4) 断开 QF，切断电源。

六、考核评分

顺序控制线路实训考核评分标准见表 2-12。

表 2-12 顺序控制线路实训考核评分标准

序号	内容	评分标准	分值	得分
1	元器件固定	元器件排列合理、整齐，每指出一处错扣 10 分	20	
2	接线工艺	导线连接可靠，剥皮适当，横平竖直	20	
3	接线正确	连接正确，每错一处扣 15 分	30	
4	通电调试	通电不成功，扣 20 分，如出现短路直接不及格	20	
5	安全操作	文明施工，综合参考	10	
6	总分			

任务 5　定子串电阻降压启动控制线路接线及故障检测

一、实训目的

(1) 了解分析定子串电阻降压启动控制电路的工作原理。

（2）掌握定子串电阻降压启动控制电路的接线方法。

（3）了解使用万用表等进行分析及检测故障的方法。

二、实训理论基础

当电动机容量较大（大于10kW）时，通常采用降压启动方式，以减小启动电流，防止过大的电流引起电源电压的波动，影响其他设备的运行。

降压启动方式有定子串电阻（或电抗）启动、星形—三角形启动、自耦变压器（补偿器）启动、延边三角形启动、软启动器启动等多种方法。本书主要介绍定子串电阻（或电抗）启动、星形—三角形启动、自耦变压器（补偿器）降压启动方法。

1. 线路结构

定子串电阻降压启动就是启动时在电动机定子绕组中串入电阻起降压限流作用，当电动机转速达到一定值时再将电阻切除，使电动机在额定电压下运行。定子串电阻降压启动控制线路如图2-18、图2-19所示。

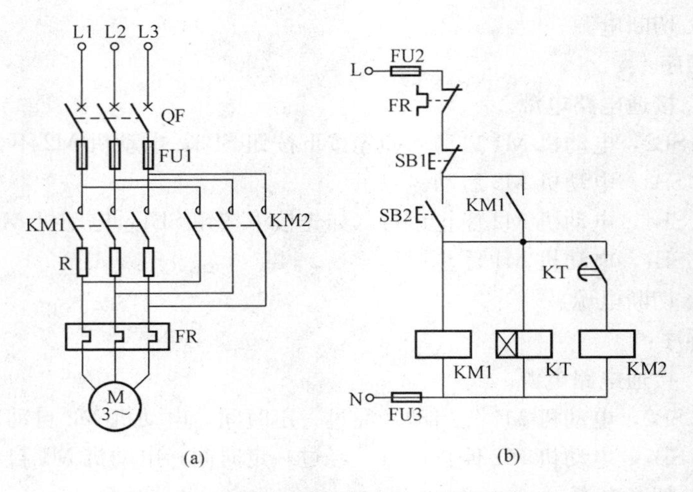

图2-18 定子串电阻降压启动控制线路（1）
（a）主电路；（b）控制电路

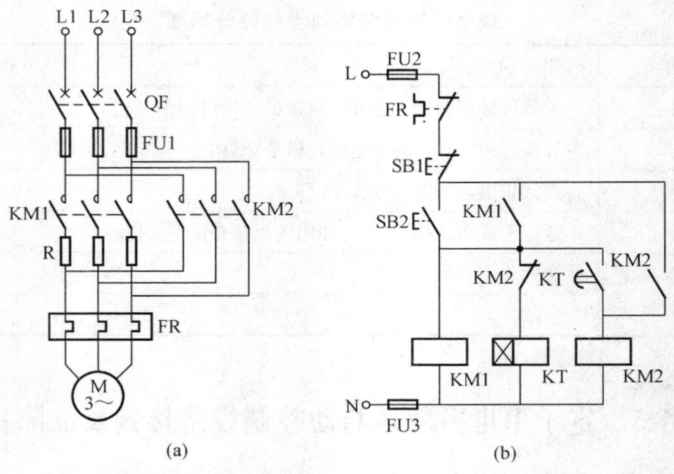

图2-19 定子串电阻降压启动控制线路（2）
（a）主电路；（b）控制电路

2. 工作原理

图 2-18 和图 2-19 所示为定子串电阻降压启动控制线路。该方法在定子电路中串接一定电阻 R。启动时，按下 SB2，KM1 通电并自锁，定子电路串接电阻降低绕组电压，限制启动电流；启动一定时间后，KT 动作将电阻短路，电动机全压运行。该方法不受接线方式限制，设备简单。机械设备点动调整时常采用此方法，以减轻对电网的冲击。

在图 2-18 中，电动机启动结束后，KM1 和 KT 线圈一直得电是没有必要的。图 2-19 是其改进型，在 KM1 和 KT 线圈回路中串入 KM2 辅助动断触点，组成互锁电路，同时加入自锁电路。这样当 KM2 通电后，其辅助动断触点断开，使 KM1 及 KT 断电以减小能量损耗，延长其使用寿命，同时 KM2 自锁，线路中只有 KM2 得电，电动机全压运行。

三、实训常用工具及仪器仪表的准备

工具准备：常用电工工具、尖嘴钳、剥线钳。

仪表准备：电流表、万用表、电压表、绝缘电阻表。

器材准备：三相笼型异步电动机、交流接触器、热继电器、熔断器、时间继电器、刀开关、低压断路器、指示灯按钮、电阻、绝缘导线。

实训场地准备：

（1）实训场地每个位置至少保证 $2m^2$ 的面积，每个位置有固定台面且采光良好，工作面的光照强度不小于 100lx，不足部分采用局部照明补充。

（2）实训场地应干净整洁，无环境干扰，空气新鲜，每个位置应准备的材料、设备、工具应齐全。

四、操作要点及要求

接线时要注意主电路中 KM1 和 KM2 的相序，该电路图中两个接触器主触点相序并没有改变；另外还需注意辅助动合、动断触点的连接；同时还需注意时间继电器线圈和触点的接法。

五、线路检查并通电试车

1. 主电路检查

检查方法与之前实训的检查方法类似。

2. 控制电路检查

KM1、KM2 及 KT 线圈支路属于并联关系，应该分开测量，同时注意检查各个动合、动断触点是否接错。

3. 通电试车

用上述方法检查无误后，在老师的监护下通电试车。

（1）合上开关 QF，接通电路电源。

（2）按下按钮 SB2，电动机降压启动，KT 计时。

（3）KT 时间到，KM2 线圈通电，电动机全压运行。

（4）按下按钮 SB1，电动机停止。

（5）断开 QF，切断电源。

注意观察两个电路图的通电动作现象。

六、考核评分

定子串电阻降压启动控制线路实训考核评分标准见表 2-13。

表 2-13　　定子串电阻降压启动控制线路实训考核评分标准

序号	内　容	评 分 标 准	分 值	得分
1	元器件固定	元器件排列合理、整齐，每指出一处错误扣 10 分	20	
2	接线工艺	导线连接可靠，剥皮适当，横平竖直	20	
3	接线正确	连接正确，每错一处扣 15 分	30	
4	通电调试	通电不成功，扣 20 分，如出现短路直接不及格	20	
5	安全操作	文明施工，综合参考	10	
6	总分			

任务 6　星—三角降压启动控制线路接线及故障检测

一、实训目的

（1）了解星—三角降压启动控制电路的工作原理。

（2）掌握星—三角降压启动控制电路的接线方法。

（3）了解使用万用表等进行分析及检测故障的方法。

二、实训理论基础

正常运行时定子绕组接成三角形的三相笼式异步电动机，均可采用星—三角降压启动方法，以达到限制启动电流的目的。

任务6

1. 线路结构

星—三角降压启动控制线路如图 2-20 所示。

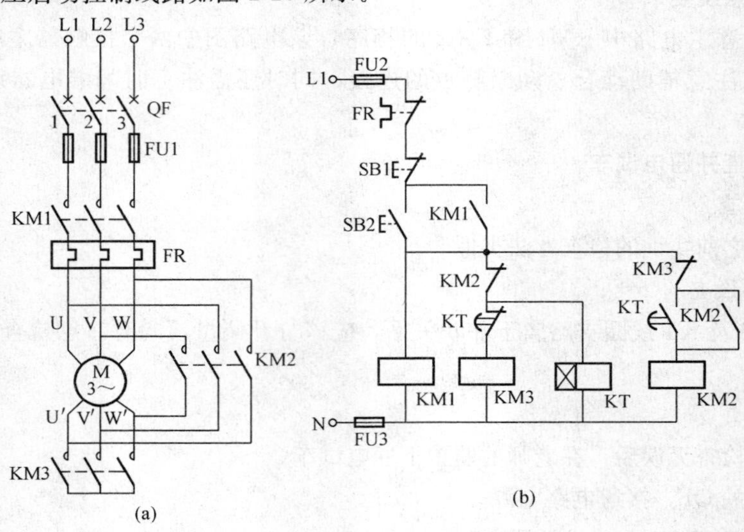

图 2-20　星—三角降压启动控制线路（1）

（a）主电路；（b）控制电路

2. 工作原理

图 2-20 为星—三角降压启动控制线路，当主电路中的电动机绕组首端 U、V、W 接入三相电源，末端 U′、V′、W′被短接，此时为星形接法。当将 U 与 V′、V 与 W′、W 与 U′连在一起则形成三角形接法。

在图 2-20 中，合上 QF，接通电源电路，按下 SB2 后，KM3、KM1、KT 线圈同时通电，此时电动机绕组以星形连接形式降压启动，其相应触点动作，KM2 线圈电路断开；KT 延时时间到时，延时断开动断触点断开，KM3 线圈失电，KM2 线圈电路中的 KM3 动断触点复位，同时 KT 延时闭合动合触点闭合，KM2 线圈通电，KM3 线圈电路中的 KM2 动断触电断开，此时 KM1、KM2 线圈通电，电动机绕组以三角形连接形式全压运行。

注意：KM2 与 KM3 线圈不能同时通电，否则会造成电源短路，因此必须要有互锁。

在图 2-20 中，用到了时间继电器 KT 延时闭合和延时断开两个触点，这时候就要求有两个公共端。有些时间继电器延时动作的触点只有一个公共端，即要求控制电路只能用延时闭合触点或延时断开触点，不能同时使用延时闭合触点和延时断开触点，否则无法接线。此时就必须对控制电路进行改动，如图 2-21 所示。合上 QF，接通电源电路，按下 SB2 后，KT、KM3 线圈通电，KM3 辅助动合触点闭合，KM1 线圈通电，KM1 辅助动合触点闭合，此时 KM1、KM3 同时通电，电动机绕组以星形连接形式降压启动。KT 延时时间到时，延时断开触点断开，KM3 线圈失电，KM3 动断触点复位，KM2 线圈通电，此时 KM1、KM2 线圈同时通电，电动机绕组以三角形连接形式全压启动。KM2、KM3 线圈同样需要互锁。

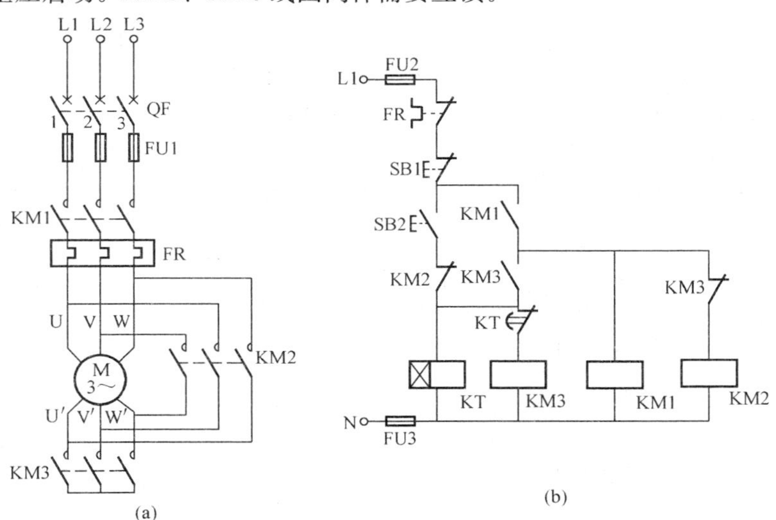

图 2-21 星—三角降压启动控制线路（2）

（a）主电路；（b）控制电路

三相笼型异步电动机星—三角降压启动具有投资少、线路简单的优点，但由于启动时电动机每相绕组承受的电压为额定电压，启动电流（线电流）只有三角形接法时的 1/3，启动转矩只有直接启动时的 1/3，因此它只适用于空载或轻载启动的场合。

三、实训常用工具及仪器仪表的准备

工具准备：常用电工工具、尖嘴钳、剥线钳。

仪表准备：电流表、万用表、电压表、绝缘电阻表。

器材准备：三相笼型异步电动机（Y—△）、交流接触器、热继电器、熔断器、时间继电器、刀开关、低压断路器、指示灯按钮、绝缘导线。

实训场地准备：

（1）实训场地每个位置至少保证 2m² 的面积，每个位置有固定台面且采光良好，工作面的光照强度不小于 100lx，不足部分采用局部照明补充。

(2) 实训场地应干净整洁，无环境干扰，空气新鲜，每个位置应准备的材料、设备、工具应齐全。

四、操作要点及要求

接线时要注意主电路中接触器 KM2 和 KM3 的接法，具体接法如下。

(1) 从热继电器 FR 出线端 T1、T2、T3 分别接三条线到接触器 KM2 进线端 L2、L1、L3 和电动机上端（U、V、W）。

(2) 从接触器 KM2 出线端接三条线至接触器 KM3 的进线端，相序不变。

(3) 从接触器 KM3 进线端接三条线至电动机下端（U′、V′、W′）。

(4) 将接触器 KM3 出线端短接。

控制电路部分按之前方法接线，注意时间继电器接法。

五、线路检查并通电试车

1. 主电路检查

(1) 如图 2-21 所示，表笔放在 1、2 处，同时按下 KM1 和 KM3，读数应为电动机两绕组的串联电阻值。

(2) 表笔放在 1、2 处，同时按下 KM1 和 KM2，读数应小于电动机一个绕组的电阻值。

(3) 将表笔分别放在 1、3 或 2、3 处，分别用上述方法检查。

(4) 测量接触器 KM2 上下三对触头的阻值，读数应为无穷大。

2. 控制电路检查

检查方法与之前实训的检查方法类似，注意检查线路中串并联关系，注意检查交叉点的接线。

3. 通电试车

用上述方法检查无误后，在老师的监护下通电试车。

(1) 合上 QF，接通电路电源。

(2) 按下按钮 SB2，KM1、KM3 和 KT 线圈通电，电动机以星形连接方式启动，KT 开始计时。

(3) KT 延时时间到，KM2 线圈通电，电动机以三角形连接形式运行。

(4) 按下按钮 SB1，电动机停止运行。

(5) 断开 QF，切断电源。

六、考核评分

星—三角降压启动控制线路实训考核评分标准见表 2-14。

表 2-14　星—三角降压启动控制线路实训考核评分标准

序号	内容	评分标准	分值	得分
1	元器件固定	元器件排列合理、整齐，每指出一处错扣 10 分	20	
2	接线工艺	导线连接可靠，剥皮适当，横平竖直	20	
3	接线正确	连接正确，每错一处扣 15 分	30	
4	通电调试	通电不成功，扣 20 分，如出现短路直接不及格	20	
5	安全操作	文明施工，综合参考	10	
6	总分			

任务7 自耦变压器降压启动控制线路接线及故障检测

一、实训目的

(1) 了解自耦变压器降压启动控制电路的工作原理。

(2) 掌握自耦变压器降压启动控制电路的接线方法。

(3) 了解使用万用表等进行分析及检测故障的方法。

二、实训理论基础

自耦变压器降压启动控制线路是依靠自耦变压器的降压作用来实现限制启动电流目的的。

1. 线路结构

自耦变压器降压启动控制线路如图2-22所示。

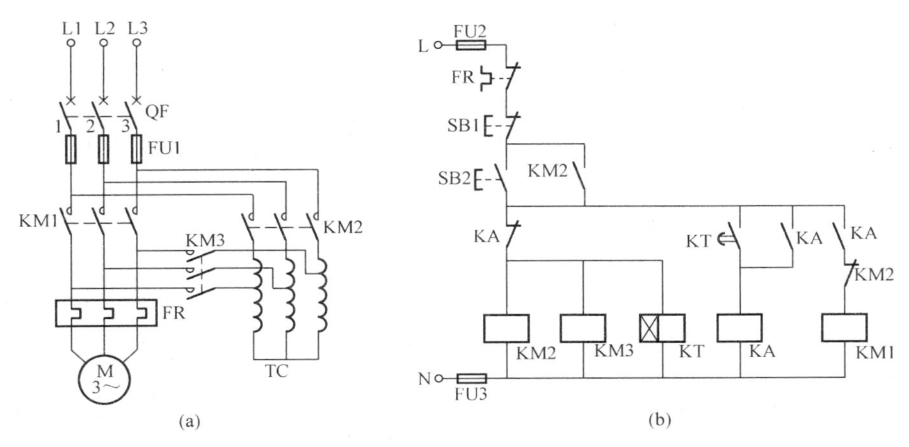

图2-22 自耦变压器降压启动控制线路

(a) 主电路；(b) 控制电路

2. 工作原理

如图2-22所示，电动机启动时，定子绕组和自耦变压器的二次侧相连，即定子绕组承受自耦变压器的二次电压，自耦变压器一般有65%、85%等抽头，调整抽头的位置可获得不同的启动电压，可根据需要选择。一旦启动结束，自耦变压器便被切除，这时定子绕组直接与电源电压相连，即全压运行。

自耦变压器启动常采用成品的启动补偿器来实现。这种启动补偿器有手动、自动操作两种形式。

合上QF，接通电源，按下SB2，线圈KM2、KM3、KT线圈同时通电，KM2辅助动合触点闭合并自锁，实现降压启动运行，KT开始延时；延时时间到，KT延时闭合触点闭合，中间继电器KA线圈通电，KA辅助动断触点断开、动合触点闭合，线圈KM2、KM3、KT失电，线圈KM1通电，实现全压运行。

三、实训常用工具及仪器仪表的准备

工具准备：常用电工工具、尖嘴钳、剥线钳。

仪表准备：电流表、万用表、电压表、绝缘电阻表。

器材准备：三相笼型异步电动机、交流接触器、热继电器、熔断器、时间继电器、刀开关、低压断路器、指示灯按钮、自耦变压器、绝缘导线。

实训场地准备：

（1）实训场地每个位置至少保证 2m² 的面积，每个位置有固定台面且采光良好，工作面的光照强度不小于 100lx，不足部分采用局部照明补充。

（2）实训场地应干净整洁，无环境干扰，空气新鲜，每个位置应准备的材料、设备、工具应齐全。

四、操作要点及要求

接线时要注意以下几点。

（1）在主电路中，接触器 KM2、KM3 主触点按相序接线，无须调换。

（2）接触器 KM3 主触点是从自耦变压器二次侧接线的。

（3）中间继电器 KA 的接法。

五、线路检查并通电试车

1. 主电路检查

检查方法与之前实训的检查方法类似，注意检查 KM2 和 KM3 是否接错。

2. 控制电路检查

检查方法与之前实训的检查方法类似，注意检查线路中的串并联关系，防止漏接。

3. 通电试车

用上述方法检查无误后，在老师的监护下通电试车。

（1）合上 QF，接通电路电源。

（2）按下按钮 SB2，KM2、KM3 和 KT 线圈通电，电动机降压启动，KT 开始计时。

（3）KT 延时时间到，线圈 KA 通电，KM2、KM3、KT 线圈失电，KM1 线圈通电并自锁，电动机全压启动。

（4）按下按钮 SB1，电动机停止运行。

（5）断开 QF，切断电源。

六、考核评分

自耦变压器降压启动控制线路实训考核评分标准见表 2-15。

表 2-15　　自耦变压器降压启动控制线路实训考核评分标准

序号	内　容	评 分 标 准	分 值	得分
1	元器件固定	元器件排列合理、整齐，每指出一处错扣 10 分	20	
2	接线工艺	导线连接可靠，剥皮适当，横平竖直	20	
3	接线正确	连接正确，每错一处扣 15 分	30	
4	通电调试	通电不成功，扣 20 分，如出现短路直接不及格	20	
5	安全操作	文明施工，综合参考	10	
6	总分			

任务 8　转子绕组串电阻降压启动控制线路接线及故障检测

一、实训目的

（1）了解转子绕组串电阻降压启动控制电路的工作原理。

（2）掌握转子绕组串电阻降压启动控制电路的接线方法。

（3）了解使用万用表等进行分析及检测故障的方法。

二、实训理论基础

1. 线路结构

转子绕组串电阻降压启动控制线图如图 2-23 所示。

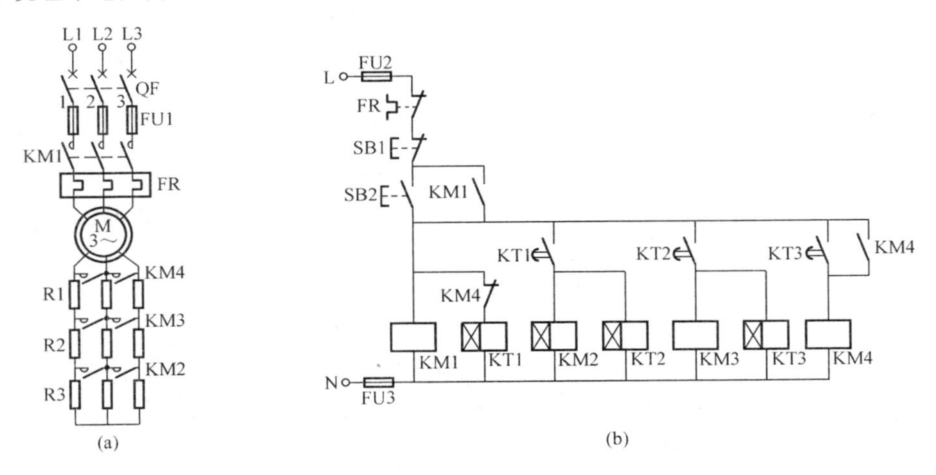

图 2-23 转子绕组串电阻降压启动控制线路

(a) 主电路；(b) 控制电路

2. 工作原理

绕线转子异步电动机的转子回路可经过滑环外接电阻，这样不仅可以减小启动电流，还可以增大启动转矩，通常应用于启动转矩要求较高的场合。

如图 2-23 所示，转子回路串接启动电阻，一般接成星形且分成若干段，启动时电阻全部接入，在启动过程中根据时间逐级切除所串接电阻。切除电阻的方法有三相平衡切除法和三相不平衡切除法，实践中经常运用三相平衡切除法，即每次每相切除的启动电阻相同。

合上 QF，按下启动按钮 SB2，线圈 KM1 和 KT1 通电，KM1 主触点和辅助触点闭合并自锁，转子绕组所串电阻 R1、R2、R3 全部接入电路降压启动。KT1 延时时间到，其通电延时触点闭合，线圈 KM2 和 KT2 通电，主触点闭合，将电阻 R3 短接；KT2 延时时间到，其通电延时闭合触点闭合，线圈 KM3 和 KT3 通电，将电阻 R2、R3 短接；KT3 延时时间到，其通电延时闭合触点闭合，线圈 KM4 通电，其主触点和辅助动合触点闭合并自锁，将 R1、R2、R3 短接，电动机全压运行。同时，KM4 辅助动断触点断开，使得线圈 KT1、KM2、KT2、KM3、KT3 失电，退出运行。

三、实训常用工具及仪器仪表的准备

工具准备：常用电工工具、尖嘴钳、剥线钳。

仪表准备：电流表、万用表、电压表、绝缘电阻表。

器材准备：三相绕线转子异步电动机、交流接触器、热继电器、熔断器、时间继电器、刀开关、低压断路器、指示灯按钮、电阻、绝缘导线。

实训场地准备：

（1）实训场地每个位置至少保证 $2m^2$ 的面积，每个位置有固定台面且采光良好，工作面的光照强度不小于 100lx，不足部分采用局部照明补充。

（2）实训场地应干净整洁，无环境干扰，空气新鲜，每个位置应准备的材料、设备、工具应齐全。

四、操作要点及要求

接线时要注意以下两点。

（1）主电路中的 KM2、KM3、KM4 与控制电路 KM2、KM3、KM4 的对应关系。

（2）要注意控制电路的串并联关系。

五、线路检查并通电试车

1. 主电路检查

检查方法与之前实训的检查方法类似。

2. 控制电路检查

检查方法与之前实训的检查方法类似，注意检查线路中串并联关系，防止漏接。

3. 通电试车

用上述方法检查无误后，在老师的监护下通电试车。

（1）合上 QF，接通电路电源。

（2）按下按钮 SB2，KM1 和 KT1 线圈通电，电动机降压启动，KT1 开始计时。

（3）KT1 延时时间到，线圈 KM2 和 KT2 通电，R3 被短接。

（4）KT2 延时时间到，线圈 KM3 和 KT3 通电，R2、R3 被短接。

（5）KT3 延时时间到，线圈 KM4 通电，R1、R2、R3 被短接。

（6）按下按钮 SB1，电动机停止运行。

（7）断开 QF，切断电源。

六、考核评分

转子绕组串电阻降压启动控制线路实训考核评分标准见表 2-16。

表 2-16　转子绕组串电阻降压启动控制线路实训考核评分标准

序号	内　容	评 分 标 准	分 值	得分
1	元器件固定	元器件排列合理、整齐，每指出一处错扣 10 分	20	
2	接线工艺	导线连接可靠，剥皮适当，横平竖直	20	
3	接线正确	连接正确，每错一处扣 15 分	30	
4	通电调试	通电不成功，扣 20 分，如出现短路直接不及格	20	
5	安全操作	文明施工，综合参考	10	
6	总分			

任务 9　笼型感应电动机时间原则能耗制动控制线路接线与故障检测

一、实训目的

（1）了解分析笼型感应电动机时间原则能耗制动控制电路的工作原理。

（2）掌握笼型感应电动机时间原则能耗制动控制电路的接线的方法。

（3）了解使用万用表等进行分析及检测故障的方法。

二、实训理论基础

在前面介绍的控制线路中，按下停止按钮后，控制线路中的接触器线圈失电，主回路接触器主触点复位，切断异步电动机电源，从而达到电动机停止运转的目的。但切断三相异步电动机电源后，由于惯性的作用，转子总要经过一段时间才能完全停下来，而有些生产机械要求迅速、准确地停车，这就要求对电动机进行强迫制动。强迫制动的方式有机械制动和电气制动两大类，机械制动常采用电磁抱闸制动，电气制动常采用能耗制动和反接制动等。机械制动比较简单，本书主要介绍电气制动。

能耗制动是指在刚切除电动机的三相电源后，立即在定子绕组中接入直流电源产生一固定磁场，使转动着的转子切割固定磁场的磁力线产生制动力矩，使电动机的动能转换成电能并消耗在转子上的制动的方法。能耗制动按接入直流电源的控制方法不同，有时间原则控制和速度原则控制，相应的控制元件为时间继电器和速度继电器。

1. 线路结构

按时间原则控制的能耗制动电路如图 2-24 所示。

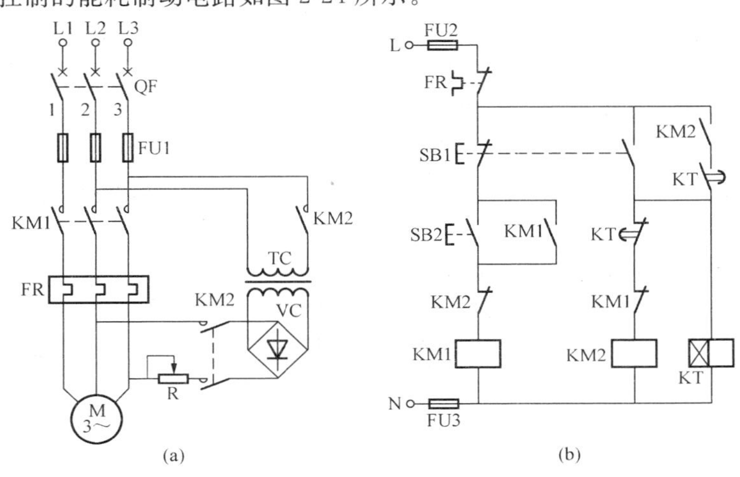

图 2-24　按时间原则控制的能耗制动电路

(a) 主电路；(b) 控制电路

2. 工作原理

图 2-24 所示的主电路中有两个交流接触器，其中 KM1 用来控制电动机的启动和停止，而 KM2 则用来接通全波整流的直流电，使电动机制动。

当按下启动按钮 SB2 时，交流接触器 KM1 线圈得电，KM1 主触点闭合，电动机定子绕组接通三相交流电，电动机开始转动。在电动机转运过程中，若按下制动按钮 SB1，则 KM1 线圈失电，KM1 主触点断开，切断三相交流电源；与此同时，交流接触器 KM2 主触点闭合，时间继电器 KT 线圈也得电，将经过单相桥式整流器 VC 得到的直流电通入定子绕组，使电动机制动，经过一段时间，KT 延时动断触点断开，KM2 线圈失电，KM2 所有触点复位，主电路中的直流电源被切除，制动过程结束。

线路中的电阻 R 用于调节直流制动电流，直流电流越大，制动力矩就越大，但电流太大会造成定子绕组损坏，一般根据要求可调节其为电动机空载电流的 3～5 倍。

时间原则控制的能耗制动一般适用于负载转矩较为稳定的电动机，这时时间继电器的延时整定值比较固定。而对于那些能够通过传动系统来实现负载变换的生产机械，采用速度原则控制较为合适。

三、实训常用工具及仪器仪表的准备

工具准备：常用电工工具、尖嘴钳、剥线钳。

仪表准备：电流表、万用表、电压表、绝缘电阻表。

器材准备：三相笼型感应异步电动机、交流接触器、热继电器、熔断器、时间继电器、刀开关、低压断路器、指示灯按钮、调整电阻、整流器、变压器、绝缘导线。

实训场地准备：

（1）实训场地每个位置至少保证 $2m^2$ 的面积，每个位置有固定台面且采光良好，工作面的光照强度不小于100lx，不足部分采用局部照明补充。

（2）实训场地应干净整洁，无环境干扰，空气新鲜，每个位置应准备的材料、设备、工具应齐全。

四、操作要点及要求

电路安装接线应遵循“先主后控，先串后并；从左到右，从上到下；左进右出，上进下出”的原则。

电路安装接线的工艺要求为“横平竖直，弯成直角；少用导线少交叉，多线并拢一起走”。

在上述原则及要求的基础上，参照电气原理图进行接线。

五、线路检查并通电试车

1. 主电路检查

检查方法与任务1的检查方法类似。

2. 控制电路检查

（1）未按下任何按钮时，万用表读数应为无穷大。

（2）分别按下SB2和KM1，万用表读数应为KM1线圈的电阻值。

（3）分别按下SB1和KM2，万用表读数应为KM2和KT线圈的并联电阻值。

3. 通电试车

用上述方法检查无误后，在老师的监护下通电试车。

（1）合上QF，接通电路电源。

（2）按下按钮SB2，KM1线圈通电，电动机开始运转。

（3）按下停止按钮SB1，则电动机立即停转，同时KM2吸合，延时时间到KM2断电释放。

（4）断开QF，切断电源。

若试车过程出现故障，则根据故障情况，采用任务1中的相应方法进行检查并排除。

六、考核评分

笼型感应电动机时间原则能耗制动控制线路接线实训考核评分标准见表2-17。

表2-17　笼型感应电动机时间原则能耗制动控制线路接线实训考核评分标准

序号	内　容	评　分　标　准	分　值	得分
1	元器件固定	元器件排列合理、整齐，每指出一处错扣10分	20	
2	接线工艺	导线连接可靠，剥皮适当，横平竖直	20	
3	接线正确	连接正确，每错一处扣15分	30	
4	通电调试	通电不成功，扣20分，如出现短路直接不及格	20	
5	安全操作	文明施工，综合参考	10	
6	总分			

任务10　笼型感应电动机速度原则能耗制动控制线路接线与故障检测

一、实训目的

（1）理解全波整流在能耗制动中的作用。

（2）学会分析电动机时间原则能耗制动控制电路的动作原理。

（3）掌握用万用表检查主电路、控制电路及根据检查结果判断故障点的方法。

二、实训理论基础

1. 线路结构

按速度原则控制的可逆能耗制动电路如图 2-25 所示。

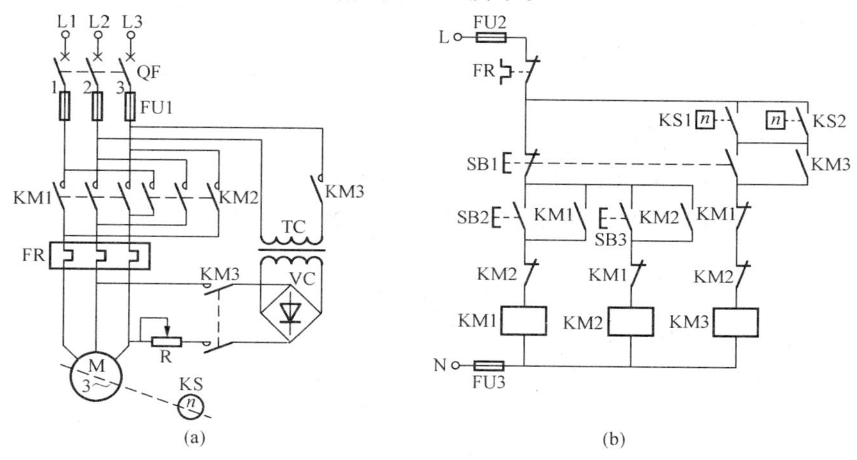

图 2-25 按速度原则控制的可逆能耗制动电路

（a）主电路；（b）控制电路

2. 工作原理

图 2-25 所示的主电路中有三个交流接触器，其中 KM1、KM2 用来控制电动机可逆运行的启动和停止，而 KM3 则用来接通全波整流的直流电，使电动机制动。KS 为速度继电器，KS1、KS2 分别为正、反转时对应的动合触点。

启动时，合上电源开关 QF，当按下正转按钮 SB2 或反转按钮 SB3 时，相应的交流接触器 KM1 或 KM2 线圈得电并自锁，电动机定子绕组接通三相交流电，电动机开始正转或反转。此时速度继电器触点 KS1 或 KS2 闭合。

停车时，若按下制动按钮 SB1，则 KM1 或 KM2 线圈失电，主触点断开，切断三相交流电源；与此同时，交流接触器 KM3 线圈得电并自锁，电动机定子绕组接入直流电源进行能耗制动，转速迅速下降。当转速下降到 100r/min 时，速度继电器 KS 的动合触点 KS1 或 KS2 断开，KM3 线圈断电，能耗制动结束。

三、实训常用工具及仪器仪表的准备

工具准备：常用电工工具、尖嘴钳、剥线钳。

仪表准备：电流表、万用表、电压表、绝缘电阻表。

器材准备：三相笼型感应异步电动机、交流接触器、热继电器、熔断器、速度继电器、刀开关、低压断路器、指示灯按钮、调整电阻、整流器、变压器、绝缘导线。

实训场地准备：

（1）实训场地每个位置至少保证 $2m^2$ 的面积，每个位置有固定台面且采光良好，工作面的光照强度不小于 100lx，不足部分采用局部照明补充。

（2）实训场地应干净整洁，无环境干扰，空气新鲜，每个位置应准备的材料、设备、工具应齐全。

四、操作要点及要求

电路安装接线应遵循“先主后控，先串后并；从左到右，从上到下；左进右出，上进下出”

的原则。

电路安装接线的工艺要求为“横平竖直，弯成直角；少用导线少交叉，多线并拢一起走”。

在上述原则及要求的基础上，参照电气原理图进行接线。

五、线路检查并通电试车

1. 主电路检查

检查方法与任务1的检查方法类似。

2. 控制电路检查

（1）未按下任何按钮时，万用表读数应为无穷大。

（2）分别按下SB2/SB3和KM1/KM2，万用表读数应为KM1/KM2线圈的电阻值。

（3）分别按下SB1和KM3，万用表读数应为KM3线圈的电阻值。

3. 通电试车

用上述方法检查无误后，在老师的监护下通电试车。

（1）合上QF，接通电路电源。

（2）按下按钮SB2或SB3，KM1或KM2线圈通电，电动机正转或反转。

（3）按下停止按钮SB1，则电动机立即停转，同时KM3吸合，速度降到100r/min时，KM3线圈断电，制动结束。

（4）断开QF，切断电源。

六、考核评分

笼型感应电动机速度原则能耗制动控制线路接线实训考核评分标准见表2-18。

表2-18　笼型感应电动机速度原则能耗制动控制线路接线实训考核评分标准

序号	内　容	评 分 标 准	分　值	得分
1	元器件固定	元器件排列合理、整齐，每指出一处错扣10分	20	
2	接线工艺	导线连接可靠，剥皮适当，横平竖直	20	
3	接线正确	连接正确，每错一处扣15分	30	
4	通电调试	通电不成功，扣20分，如出现短路直接不及格	20	
5	安全操作	文明施工，综合参考	10	
6	总分			

任务11　笼型感应电动机速度原则反接制动控制线路接线与故障检测

一、实训目的

（1）理解笼型感应电动机按速度原则反接制动的工作原理。

（2）学会分析电动机按速度原则反接制动的控制电路的工作过程。

（3）掌握用万用表检查主电路、控制电路及根据检查结果判断故障点的方法。

二、实训理论基础

三相交流异步电动机的反接制动是通过改变定子绕组中的电流相序，使其产生一个与转子旋转方向相反的电磁力矩来实现的。对于单方向旋转的电动机，当转速下降到零时，应迅速切断电动机电源，否则电动机将反向转动。因此，在控制线路中应有检测速度的元件。在反接制动时，电动机定子绕组流过的电流相当于全压直接启动电流的两倍，因此在制动过程中应在定子线路中串入电阻以降低制动电流。

反接制动同样有时间原则和速度原则，当按时间原则进行控制时，有可能出现时间设定过长，即电动机正转速度已经下降到零，延时时间还没有到，这种情况下就会出现电动机反转。因此，一般情况下不按时间原则进行控制，而是按速度原则进行控制，接下来介绍笼型感应电动机按速度原则进行反接制动的控制。

1. 线路结构

按速度原则控制的反接制动电路如图 2-26 所示。

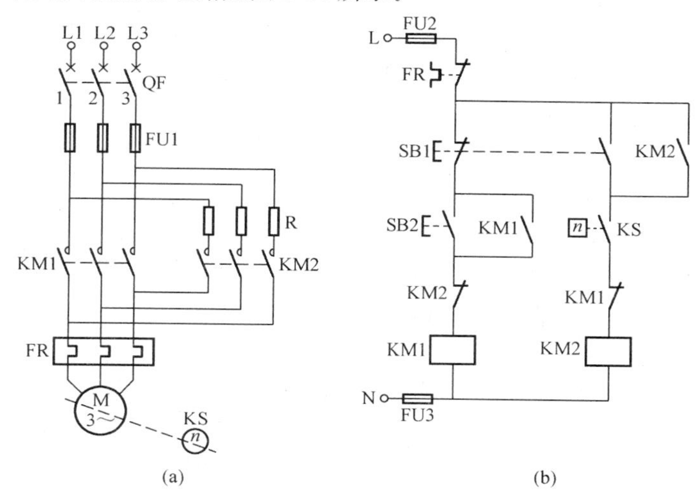

图 2-26 按速度原则控制的反接制动电路

(a) 主电路；(b) 控制电路

2. 工作原理

图 2-26 所示为单向运行的反接制动控制电路。按下启动按钮 SB2，KM1 线圈得电并自锁，电动机开始运行，当电动机的速度达到速度继电器的动作速度时，速度继电器 KS 的动合触点闭合，为电动机反接制动作准备；制动时，按下停止按钮 SB1，KM1 线圈失电，由于速度继电器 KS 的动合触点在惯性作用下仍然闭合，使 KM2 线圈得电自锁，电动机实现反接制动；当其转子的转速接近零时，KS 的动合触点复位断开，KM2 线圈失电，制动过程结束。

三、实训常用工具及仪器仪表的准备

工具准备：常用电工工具、尖嘴钳、剥线钳。

仪表准备：电流表、万用表、电压表、绝缘电阻表。

器材准备：三相笼型感应异步电动机、交流接触器、热继电器、熔断器、速度继电器、刀开关、低压断路器、指示灯按钮、电阻、绝缘导线。

实训场地准备：

(1) 实训场地每个位置至少保证 $2m^2$ 的面积，每个位置有固定台面且采光良好，工作面的光照强度不小于 100lx，不足部分采用局部照明补充。

(2) 实训场地应干净整洁，无环境干扰，空气新鲜，每个位置应准备的材料、设备、工具应齐全。

四、操作要点及要求

电路安装接线应遵循“先主后控，先串后并；从左到右，从上到下；左进右出，上进下出”的原则。

电路安装接线的工艺要求为“横平竖直，弯成直角；少用导线少交叉，多线并拢一起走”。

在上述原则及要求的基础上，参照电气原理图进行接线。

五、线路检查并通电试车

1. 主电路检查

检查方法与任务1的检查方法类似。

2. 控制电路检查

（1）未按下任何按钮时，万用表读数应为无穷大。

（2）分别按下SB2和KM1，万用表读数应为KM1线圈的电阻值。

（3）分别按下SB1和KM2，万用表读数应为KM2线圈的电阻值。

3. 通电试车

用上述方法检查无误后，在老师的监护下通电试车。

（1）合上QF，接通电路电源。

（2）按下按钮SB2，KM1线圈通电，电动机开始运转。

（3）按下停止按钮SB1，则电动机立即停转，同时KM2吸合，电动机停车转速接近零时，KS的动合触点打开，切断接触器的线圈电路。

（4）断开QF，切断电源。

若试车过程出现故障，则根据故障情况，采用任务1中的相应方法进行检查并排除。

六、考核评分

笼型感应电动机速度原则反接制动控制线路接线实训考核评分标准见表2-19。

表2-19　笼型感应电动机速度原则反接制动控制线路接线实训考核评分标准

序号	内　容	评　分　标　准	分　值	得分
1	元器件固定	元器件排列合理、整齐，每指出一处错扣10分	20	
2	接线工艺	导线连接可靠，剥皮适当，横平竖直	20	
3	接线正确	连接正确，每错一处扣15分	30	
4	通电调试	通电不成功，扣20分，如出现短路直接不及格	20	
5	安全操作	文明施工，综合参考	10	
6	总分			

任务12　三相异步电动机调速控制线路

一、实训目的

（1）理解笼型感应电动机调速控制的工作原理。

（2）学会分析笼型感应电动机调速控制电路的工作过程。

（3）掌握用万用表检查主电路、控制电路及根据检查结果判断故障点的方法。

二、实训理论基础

在生产实际中，为满足不同的加工要求，保证产品的质量及效率，许多生产机械有调速的要求。根据三相异步电动机的原理可知，其转速公式为

$$n=\frac{60f}{p}(1-s)$$

式中：f 为电源频率；p 为极对数；s 为转差率。

因此，通过改变电源频率 f、极对数 p 以及转差率 s 都可以实现调速的目的。本书主要介绍变极调速控制线路。

变极调速通过改变定子绕组极数从而改变电动机同步转速达到调速的目的，由于电动机的极对数是整数，所以这种调速是有级调速，一般有双速、三速、四速之分。

图 2-27 所示为 4/2 极双速异步电动机三相定子绕组接线示意图。图 2-27（a）为三角形（四极，同步转速为 1500r/min，低速）与双星形（二极，同步转速为 3000r/min，高速）接法；图 2-27（b）为星形（四极，同步转速为 1500r/min，低速）与双星形（二极，同步转速为 3000r/min，高速）接法。值得注意的是，改变极对数后，其相序与原来相序相反，所以变极时必须把电动机任意两个出线端对调，从而保证变极后的转动方向相同。

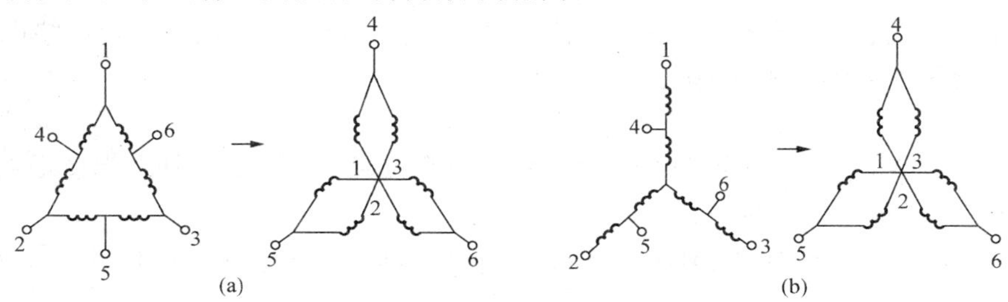

图 2-27 4/2 极双速异步电动机三相定子绕组接线示意图

（a）三角形与双星形接法；（b）星形与双星形接法

1. 线路结构

4/2 极双速异步电动机调速控制电路如图 2-28 所示。

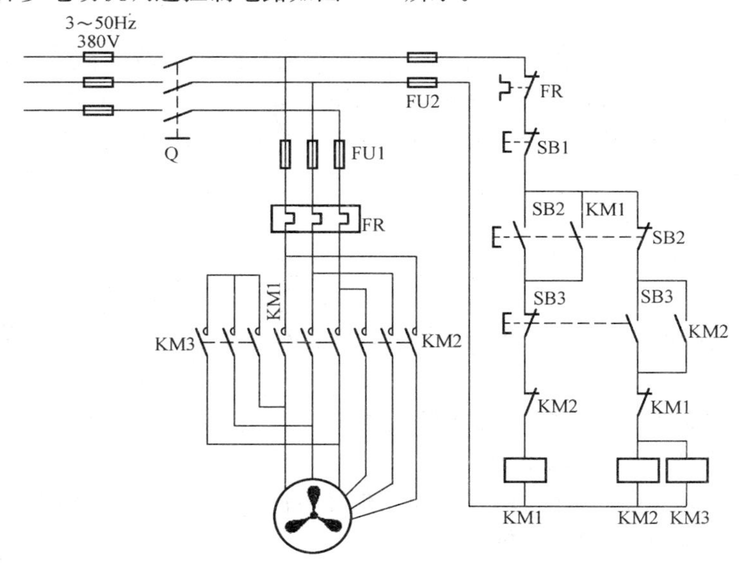

图 2-28 4/2 极双速异步电动机调速控制电路

2. 工作原理

图 2-28 所示为 4/2 极双速异步电动机调速控制电路，图中 SB1 为停止按钮，SB2 为低速运行按钮，SB3 为高速运行按钮。

合上刀开关 Q，按下按钮 SB2，接触器 KM2 线圈得电并自锁，定子绕组呈星形连接，电动机开始低速运行；按下停止按钮 SB1 时，电动机停止转动。

按下 SB3 时，接触器 KM2 和 KM3 线圈同时得电并自锁，KM2 和 KM3 主触点闭合，电动机定子绕组组成双星形连接，转速为星形连接时转速的两倍；按下停止按钮 SB1 时，电动机停止转动。

由于图 2-28 中的按钮 SB2 和 SB3 为组合按钮，具有按钮互锁功能，可以直接实现低速运行和高速运行的转换。

三、实训常用工具及仪器仪表的准备

工具准备：常用电工工具、尖嘴钳、剥线钳。

仪表准备：电流表、万用表、电压表、绝缘电阻表。

器材准备：4/2 极双速异步电动机、交流接触器、热继电器、熔断器、速度继电器、刀开关、低压断路器、指示灯按钮、电阻、绝缘导线。

实训场地准备：

(1) 实训场地每个位置至少保证 $2m^2$ 的面积，每个位置有固定台面且采光良好，工作面的光照强度不小于 100lx，不足部分采用局部照明补充。

(2) 实训场地应干净整洁，无环境干扰，空气新鲜，每个位置应准备的材料、设备、工具应齐全。

四、操作要点及要求

电路安装接线应遵循“先主后控，先串后并；从左到右，从上到下；左进右出，上进下出”的原则。

电路安装接线的工艺要求：“横平竖直，弯成直角；少用导线少交叉，多线并拢一起走”。

值得注意的是，改变极对数后，其相序与原来相序相反，所以变极时必须把电动机任意两个出线端对调，从而保证变极后的转动方向相同。

在上述原则及要求的基础上，参照电气原理图进行接线。

五、线路检查并通电试车

1. 主电路检查

检查方法与任务 1 的检查方法类似。

2. 控制电路检查

与之前方法类似，注意检查组合按钮的接法，虚线不用接线。

3. 通电试车

用上述方法检查无误后，在老师的监护下通电试车。

(1) 合上刀开关 Q，接通电路电源。

(2) 按下按钮 SB2，KM2 线圈通电，电动机低速运行。

(3) 按下停止按钮 SB1，则电动机停转。

(4) 按下按钮 SB3，KM2 和 KM3 线圈通电，电动机高速运行。

(5) 按下停止按钮 SB1，则电动机停转。

(6) 按下按钮 SB2，电动机低速运行；按下 SB3 按钮，电动机高速运行；按下停止按钮 SB1，则电动机停转。

(7) 断开 Q，切断电源。

若试车过程出现故障，则根据故障情况，采用任务 1 中的相应方法进行检查并排除。

六、考核评分

4/2 极双速异步电动机调速控制线路实训考核评分标准见表 2-20。

表 2-20　　4/2 极双速异步电动机调速控制线路实训考核评分标准

序号	内　容	评　分　标　准	分　值	得分
1	元器件固定	元器件排列合理、整齐，每指出一处错扣 10 分	20	
2	接线工艺	导线连接可靠，剥皮适当，横平竖直	20	
3	接线正确	连接正确，每错一处扣 15 分	30	
4	通电调试	通电不成功，扣 20 分，如出现短路直接不及格	20	
5	安全操作	文明施工，综合参考	10	
6	总分			

模块三　机床控制电路实训

任务1　CA6140型车床控制线路故障分析与检修

一、实训目的

（1）了解CA6140型车床的基本结构和运动形式。

（2）了解CA6140型车床的电力拖动特点及控制要求。

（3）理解CA6140型车床的电气原理图。

（4）掌握CA6140型车床的常见故障及分析和检修的方法。

二、实训理论基础

1. CA6140型车床的主要机构

车床是主要用车刀对旋转的工件进行车削加工的机床。在车床上还可用钻头、扩孔钻、铰刀、丝锥、板牙和滚花工具等对工件进行相应的加工。图3-1所示为车床加工的典型表面示意图。

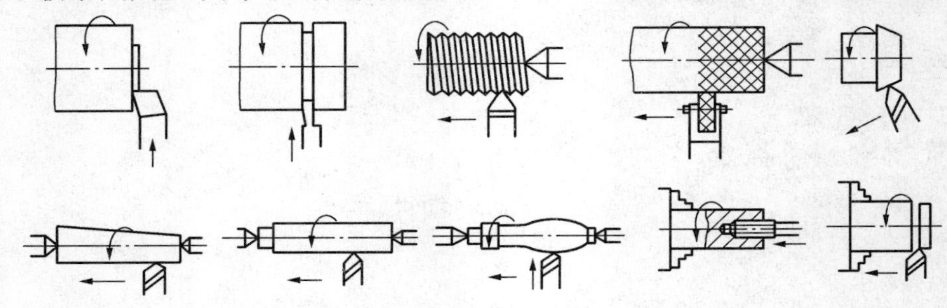

图3-1　车床加工的典型表面示意图

CA6140型车床是我国自行设计制作的普通车床，各字母和数字的含义为：C表示车床；A为结构特性代号，表示第一次重大改进；6为机床组别代号，表示落地及卧式车床；1为机床系别代号，表示卧式车床，40为机床主参数，表示最大回转直径为400mm。

CA6140型车床结构示意图如图3-2所示，它主要由主轴箱、进给箱、溜板箱、刀架、丝杆、床身、尾架等部分组成。

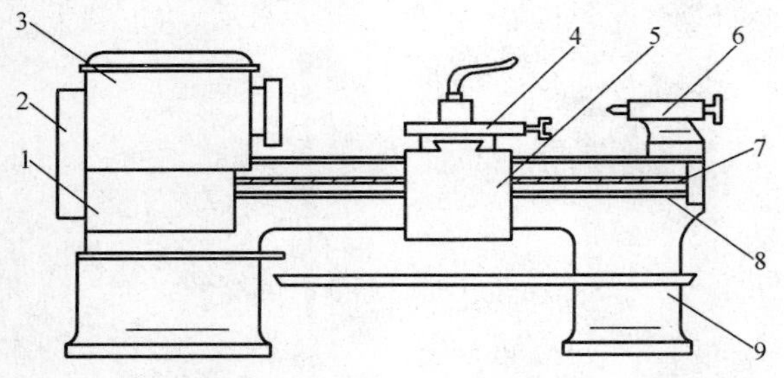

图3-2　CA6140型车床结构示意图

1—进给箱；2—挂轮箱；3—主轴变速箱；4—溜板与刀架；5—溜板箱；6—尾架；7—丝杠；8—光杠；9—床身

2. CA6140型车床运动情况及控制要求

CA6140型车床的运动主要由主运动、进给运动和辅助运动组成。主运动为工件的旋转运动，进给运动为溜板带动刀架的纵向和横向运动，辅助运动包括刀架的快速移动、尾架移动和工件的夹紧、放松及冷却等。

CA6140型车床的运动情况及控制要求见表3-1。

表 3-1　　CA6140 型车床的运动情况及控制要求

运动种类	运动形式	控制要求
主运动	工件的旋转运动，它由主轴通过卡盘带动工件旋转	（1）主拖动电动机一般选用笼型异步电动机，并采用机械变速满足调速要求，主要通过齿轮箱进行有级调速 （2）启动和停止采用按钮控制 （3）为了加工螺纹，要求能够实现正反转，中小型车床正反转一般由主轴电动机实现，对于主轴容量较大的则通过摩擦离合器来实现 （4）电动机容量较小时一般采用直接启动，电动机容量较大时常采用Y—△降压启动；为了实现快速停车，一般采用机械制动 （5）车床在加工零件时，工件和刀具都可能产生较高的温度，为了防止工件和刀具损坏，需要进行冷却处理。因此需要单独设置冷却泵电动机，并且要求冷却泵电动机在主轴启动后方可启动，主轴电动机停止时冷却泵电动机必须能够立即自动停止 （6）为了提高工作效率，刀架应采用单独的快速移动电动机拖动，并采用点动控制
进给运动	溜板带动刀架的纵向和横向运动	
辅助运动	刀架的快速移动、尾架移动和工件的夹紧、放松及冷却等	

3. CA6140 型车床电气控制线路分析

CA6140 型车床电气控制电路图如图 3-3 所示，该电路包括主电路、控制电路和照明电路三部分。

（1）主电路分析。主电路中共有三台电动机，图中 M1 为主轴电动机，用以实现主轴旋转和进给运动；M2 为冷却泵电动机；M3 为溜板快速移动电动机。M1、M2、M3 均为三相异步电动机，容量均小于 10kW，全部采用全压直接启动，皆由交流接触器控制单向旋转。

M1 电动机由启动按钮 SB1、停止按钮 SB2 和接触器 KM1 构成电动机单向连续运转控制电路。主轴的正反转由摩擦离合器来实现。

M2 电动机是在主轴电动机启动之后，扳动冷却泵控制开关 SA1 来控制接触器 KM2 的通断，实现冷却泵电动机的启动与停止的。由于开关 SA1 具有定位功能，故不需自锁。

M3 电动机由装在溜板箱上的快慢速进给手柄内的快速移动按钮 SB3 来控制 KM3 接触器，从而实现 M3 的点动。操作时，先将快速进给手柄扳到所需移动方向，再按下 SB3 按钮，即实现该方向的快速移动。

钥匙开关 WD 向右转动，三相相电源通过转换开关 QS 引入，FU1 和 FU2 作短路保护。主轴电动机 M1 由接触器 KM1 控制启动，热继电器 FR1 为主轴电动机 M1 的过载保护。冷却泵电动机 M2 由接触器 KM2 控制启动，热继电器 FR2 为它的过载保护。溜板快速移动电机 M3 由接触器 KM3 控制启动。

（2）控制电路分析。控制回路的电源由变压器 TC 二次侧输出的 110V 电压提供，采用 FU3 作短路保护。

1）主轴电动机的控制：按下启动按钮 SB2，接触器 KM1 的线圈得电动作，其主触点闭合，主轴电动机 M1 启动运行。同时 KM1 的自触点和另一副动合触点闭合。按下停止按钮 SB1，主轴电动机 M1 停车。

2）冷却泵电动机控制：在车削加工过程中，如果工艺需要使用冷却液时，合上开关 QS2，在主轴电动机 M1 运转情况下，接触器 KM1 线圈得电吸合，其主触点闭合，冷却泵电动机获电运行。由电气原理图可知，只有当主轴电动机 M1 启动后，冷却泵电动机 M2 才有可能启动，当 M1 停止运行时，M2 也就自动停止。

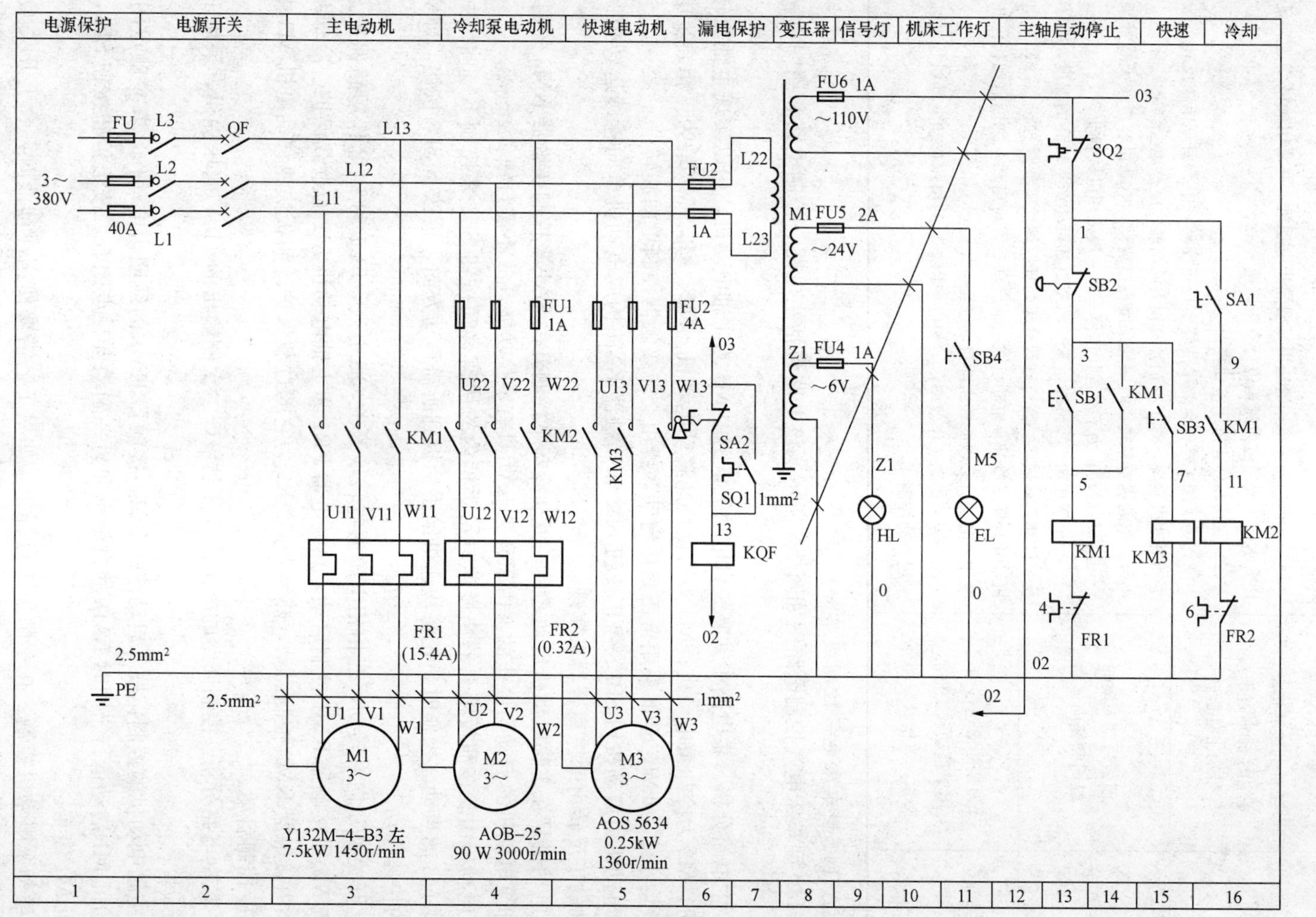

图 3-3　CA6140 型车床电气控制电路图

3）溜板快速移动的控制：溜板快速移动电动机 M3 的启动是由安装在进给操纵手柄顶端的按钮 SB3 来控制的，它与中间继电器 KM3 组成点动控制环节。将操纵手柄扳到所需要的方向，压下按钮 SB3，继电器 KM3 得电吸合，M3 启动，溜板就向指定方向快速移动。

（3）照明、信号灯电路分析。控制变压器 TC 的二次侧分别输出 24V 和 6V 电压，作为机床低压照明灯和信号灯的电源。EL 为机床的低压照明灯，由开关 SA 控制；HL 为电源的信号灯，采用 FU4 作短路保护。

（4）保护环节分析。

1）电路电源开关是带有开关锁 SA2 的断路器 QF。机床接通电源时需用钥匙开关操作，再合上 QF，增加了安全性。需要送电时，先用开关钥匙插入 SA2 开关锁中并右旋，使断路器线圈 KQF 断电，再扳动断路器 QF 将其合上，此时，机床电源将 380V 交流电压送入主电路，并经控制变压器输出 110V 控制电压、24V 安全照明电压、6V 信号灯电压。断电时，若将开关锁 SA2 左旋，则触点 SA2（03—13）闭合，KQF 线圈通电，断路器 QF 断开，机床断电。若出现误操作，QF 将在 0.1s 内再次自动跳闸。

2）打开机床控制配电盘壁箱门，自动切除机床电源的保护。在配电盘壁箱门上装有安全行程开关 SQ2，当打开配电盘壁箱门时，安全开关的触点 SQ2（03—13）闭合，将使断路器线圈 KQF 通电，断路器 QF 自动跳闸，断开机床电源，以确保人身安全。

3）机床床头皮带罩处设有安全开关 SQ1，当打开皮带罩时，安全开关触点 SQ1（03—1）断开，将接触器 KM1、KM2、KM3 线圈电路切断，电动机将全部停止旋转，以确保人身安全。

4）为满足打开机床控制配电盘壁箱门进行带电检修的需要，可将 SQ2 安全开关传动杆拉出，使触点 SQ2（03—13）断开，此时 KQF 线圈断电，断路器 QF 仍可合上。当检修完毕，关上壁箱门后，将 SQ2 开关传动杆复位，SQ2 保护作用照常起作用。

5）电动机 M1、M2 分别由热继电器 FR1、FR2 实现电动机长期过载保护；断路器 QF 实现全电路的过电流、欠电压保护及热保护；熔断器 FU、FU1～FU6 实现各部分电路的短路保护。

此外，还设有 EL 机床照明灯和 HL 信号灯进行刻度照明。

三、常用工具及仪器仪表的准备

（1）材料、设备。CA6140 型车床电气元件明细见表 3-2。

表 3-2　　CA6140 型车床电气元件明细表

代　号	名　　称	型号及规格	数　量	用　　途
M1	主轴电动机	Y132M-4-B3，7.5kW，1450r/min	1	主传动用
M2	冷却泵电动机	AOB—25，90W，3000r/min	1	输送冷却液用
M3	快速移动电动机	AOS5634，250W 1360r/min	1	溜板快速移动用
FR1	热继电器	JR16-20/2D，15.4A	1	M1 的过载保护
FR2	热继电器	JR16-20/2D，0.32A	1	M2 的过载保护
FU	熔断器	RL1-10，55×78、35A	3	总电路短路保护
FU1，FU2	熔断器	RL1-10，55×78、25A	6	M2，M3 及主电路短路保护
FU3	熔断器	RL1-10，55×78、25A	2	变压器短路保护
FU4	熔断器	RL1-15，5A	1	照明电路短路保护

续表

代 号	名 称	型号及规格	数 量	用 途
FU5	熔断器	RL1-15，5A	1	指示灯电路短路保护
FU6	熔断器	RL1-15，5A	1	控制电路短路保护
KM	交流接触器	CJ20-20，线圈电压 110V	3	控制 M1
KA1	中间继电器	JZ7-44，线圈电压 110V	1	控制 M2
KA2	中间继电器	JZ7-44，线圈电压 111V	1	控制 M3
SB1	按钮	LAY3-01ZS/1	1	停止 M1
SB2	按钮	LAY3-10/3. 11	1	启动 M1
SB3	按钮	LA9	1	启动 M3
SB4	按钮	LAY3-10X/2	1	控制 M2
SQ1，SQ2	位置开关	JWM6-11	2	断电保护
HL	信号灯	ZSD-0. 6V	1	刻度照明
QF	断路器	AM2-40，20A	1	电源引入
TC	控制变压器	JBK2-100 380V/110V/24V/6V	1	控制电源电压
WD	旋钮开关	LAY3-01Y/2	1	电源开关锁
EL	机床照明灯	ZC11	1	机床照明

（2）实训工具。常用电工工具、CA6140 普通车床实训台、万用表、绝缘电阻表、钳形电流表等。

（3）实习场地准备。

1）实习场地每个位置至少保证 $4m^2$ 的面积，每个位置有固定台面且采光良好，工作面的光照强度不小于 100lx，不足部分采用局部照明补充。

2）实习场地应干净整洁，无环境干扰，空气新鲜，每个位置应准备的材料、设备、工具应齐全。

四、操作要点及要求

（1）安装电气元件时，必须按电气布置图安装，并做到元件安装牢固，排列整齐、均匀、合理。紧固元件时要用力均匀，紧固度适当，以防元件损坏。

（2）内部布线应平直、整齐、紧贴敷设面、走线合理，触点不得松动、不露铜、不反圈、不压绝缘层等，并符合工艺要求。

（3）布线完工之后，必须对控制电路进行全面检查。

五、故障分析与检修

1. 故障类别

机床电气故障主要分为自然故障和人为故障。

（1）自然故障。机床在运行过程中，其电气设备常受到许多不利因素的影响，如电气元件在动作过程中因机械振动、过电流的热效应、电弧灼烧、长期动作的自然磨损、周围环境温度和湿度的影响、有害介质的侵蚀、元件自身的质量问题、自然寿命等原因，绝缘老化变质。以上种种原因都会使机床电器难免出现一些这样或那样的故障而影响机床的正常运行。因此加强日常维护保养和检修可使机床在较长时间内不出或少出故障。切不可误认为反正机床电气设备的故障是客观存在，是在所难免的，就忽视日常维护保养和定期检修工作。

（2）人为故障。机床在运行过程中，由于受到不应有的机械外力的破坏或因操作不当、安装不合理而造成的故障，也会造成机床事故，甚至危及人身安全。这些故障大致可以分为两大类。

1）故障有明显的外表特征并易被发现。如电动机、电器的显著发热、冒烟、散发出焦臭味或火花等。这类故障是由于电动机、电器的绕组过载、绝缘击穿、短路或接地引起的。在排除这类故障时，除了更换或修复之外，还必须找出并排除造成上述故障的原因。

2）故障没有外表特征。这一类故障是控制电路的主要故障。在电气线路中，由于电气元件调整不当，机械动作失灵，触点及压接线头接触不良或脱落，以及某个小零件的损坏，导线断裂等原因所造成的故障。线路越复杂，出现这类故障的机会越多。这类故障虽小但经常碰到，由于没有外表特征，要寻找故障发生点，常需要花费很多时间，有时还需借助各类测量仪表和工具才能找出故障点，而一旦找出故障点，往往只需简单的调整或修理就能立即恢复机床的正常运行，所以能否迅速地查出故障点是检修这类故障时能否缩短时间的关键。

2. 常见故障分析与检修

（1）合不上电源开关QF。电源开关QF采用钥匙开关作开锁断电保护，采用SQ2作开门断电保护。因此出现电源开关QF合不上情况，应先检查钥匙开关位置是否正确，再检查位置开关SQ2是否因电器柜门没关紧等原因造成触点闭合。

（2）全无现象故障。所谓全无现象故障，是指通电试车时，信号灯、机床照明灯、电动机等都不工作，而且控制电动机的接触器、继电器等都无动作和声响。

根据之前所述逻辑分析方法，基本可以确定电源线路出现故障，即变压器一侧电源线路出现故障。此时可按模块二所述的故障点检测方法确定故障点，但考虑到有可能是熔断器出现短路故障，此时建议不采用短接法进行检查，防止出现二次事故。

修复故障时，如果是由短路引起的故障，切勿直接更换熔断器等，应先查明短路原因，排除短路点后，方可更换。

（3）M1不能启动。M1不能启动的原因较多，通电试车时应注意观察现象。如KM1线圈不得电，应同时检查刀架快速移动电动机的运动情况，观察KM3线圈是否得电。如果只有KM1线圈不得电，则故障在KM1控制电路；如果KM3线圈也不得电，则故障在KM1和KM3的公共线路中；如果KM1线圈得电，电动机出现嗡嗡响，则为缺相故障。

故障点的确定方法与之前方法类似，通常采用电阻法或电压法。

当然，机床电器还存在一些常见故障，如M1启动后不能自锁、M1工作以后不能停止、M2和M3不能启动等，这些留给读者自行思考和分析。

3. 检修步骤及要求

在进行故障分析与检修时，应遵循以下原则。

（1）在实训老师的指导下，对磨床进行检修操作，了解CA6140型车床的各种工作状态及操作方法。

（2）在实训老师的指导下，参照给定的电气布置图和电气接线图，熟悉CA6140型车床的各电气元件的分布及走线。

（3）在CA6140型车床上人为设置自然故障点，由实训老师示范检修；检修时应参照以下步骤和要求。

1）通电试车时，引导学生注意观察故障现象，并分析引起故障的原因。

2）根据故障现象，采用本书模块一中介绍的故障分析方法，确定故障范围，并根据相应的检查方法确定故障点。

3）采用相应的正确方法排除故障，使得机床恢复正常工作。

(4) 实训老师设置故障点，由学生检修，设置故障点时，应遵循以下原则。

1) 所设置故障点应为自然故障点，切忌设置更改线路的非自然故障点。

2) 应该根据学生掌握程度设置故障点的数量和难易程度。

3) 设置多个故障点时，故障现象尽可能不互相掩盖，尽可能不在同一线路上设置重复故障点。

4) 所设置的故障点应不会造成人身伤害和设备事故。

5) 学生排除完故障进行试车时应在老师的监视指导下进行。

六、考核评分

CA6140 型车床故障分析及检修实训考核评分标准见表 3-3。

表 3-3　CA6140 型车床故障分析及检修实训考核评分标准

序号	内 容	评 分 标 准			分 值	得 分
1	故障分析	不进行故障分析，扣 5 分			30	
		不能标出故障范围内的每个故障点，扣 10 分				
2	故障排除	停电不验电，每次扣 5 分			70	
		仪器仪表使用不正确，每次扣 5 分				
		排除故障方法不正确，扣 10 分				
		不能排除故障点，每个扣 30 分				
		扩大故障范围，每个扣 35 分				
		损坏电气元件，每个扣 35 分				
3	时间定额 1h	超出时间以每 1min 扣 1 分计算				
4	开始时间		结束时间		实际时间	

七、思考题

(1) 3 台电动机均不能启动是什么原因造成的?

(2) 按下主轴电动机启动按钮，电动机发出嗡嗡声，不能启动，为什么?

(3) 主轴电动机启动后，松开启动按钮，电动机停止转动，为什么?

(4) 按下停止按钮，主轴电动机不能停止转动，为什么?

(5) 冷却泵电动机不能启动的原因是什么?

(6) 快速移动电动机不能启动的原因是什么?

(7) 指示灯和照明灯不亮的原因是什么?

任务 2　Z3040 型摇臂钻床控制线路故障分析与检修

一、实训目的

(1) 了解 Z3040 型摇臂钻床的基本结构和运动形式。

(2) 了解 Z3040 型摇臂钻床的电力拖动特点及控制要求。

(3) 理解 Z3040 型摇臂钻床的电气原理图。

(4) 掌握 Z3040 型摇臂钻床常见故障，并进行分析和检修。

二、实训理论基础

1. Z3040 型摇臂钻床主要机构

钻床是一种孔加工设备，可以用来钻孔、扩孔、铰孔、攻丝及修刮端面等多种形式的加工。图 3-4 所示为钻床加工的典型表面示意图。

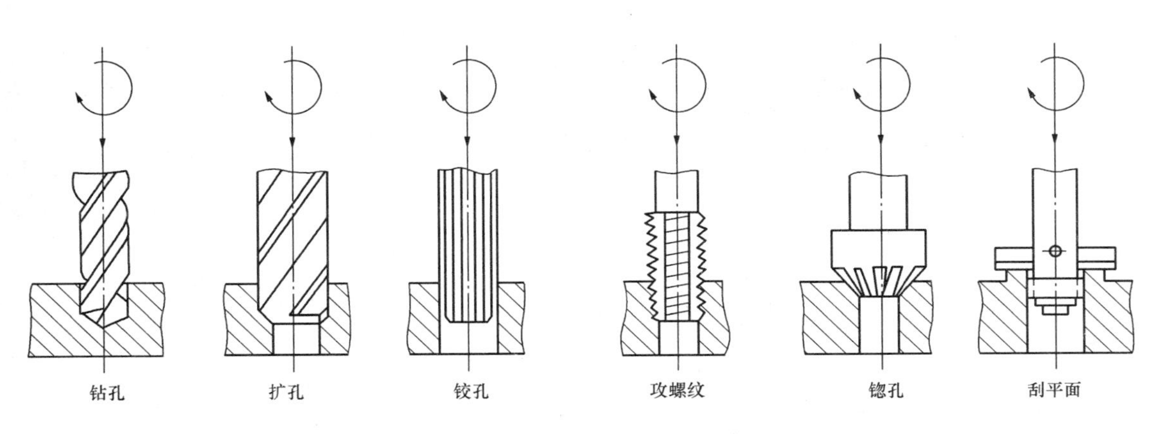

图 3-4 钻床加工的典型表面示意图

钻床的结构形式较多，有立式钻床、台式钻床、摇臂钻床和专用钻床等。立式钻床和台式钻床由于电气控制线路较为简单，这里不作介绍。在各类钻床中，摇臂钻床操作方便、灵活，适用范围广，具有典型性，特别适用于单件或批量生产带有多孔大型零件的孔加工，是一般机械加工车间常见的机床。常见的摇臂钻床有 Z35、Z37、Z3040 以及 Z3050 等，本书对 Z3040 型摇臂钻床进行介绍和故障分析。Z3040 型摇臂钻床各字母和数字的含义为：Z 表示钻床，3 表示摇臂钻床，40 表示最大钻孔直径为 40mm。

Z3040 型摇臂钻床结构示意如图 3-5、图 3-6 所示，它主要由底座、内立柱、外立柱、摇臂升降丝杆、摇臂、主轴箱、主轴和工作台等部分组成。

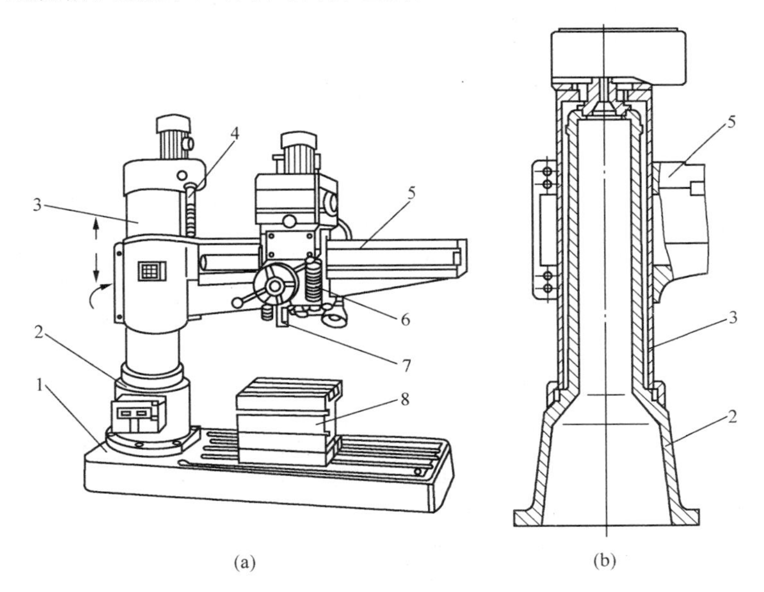

图 3-5 Z3040 型摇臂钻床结构示意图（1）

（a）外形图；（b）剖视图

1—底座；2—内立柱；3—外立柱；4—摇臂升降丝杆；5—摇臂；6—主轴箱；7—主轴；8—工作台

2. Z3040 型摇臂钻床运动情况及控制要求

内立柱固定在底座的一端，在它的外面套有外立柱，外立柱可绕内立柱回转 360°。摇臂的一端为套筒，它套装在外立柱上作上下移动。由于丝杆与外立柱连成一体，而升降螺母固定在摇臂上，因此摇臂不能绕外立柱转动，只能与外立柱一起绕内立柱回转。主轴箱是一个复合部件，由

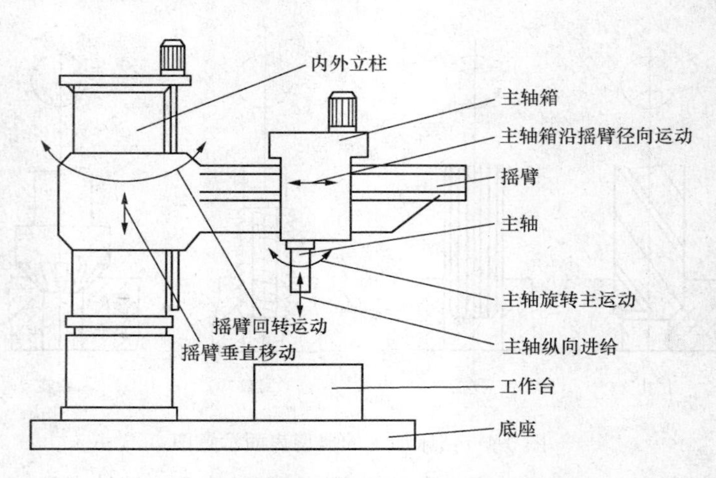

图 3-6　Z3040 型摇臂钻床结构示意图（2）

主传动电动机、主轴和主轴传动机构、进给和变速机构、机床的操作机构等部分组成。主轴箱安装在摇臂的水平导轨上，可以通过手轮操作，使其在水平导轨上沿摇臂移动。

当进行加工时，由特殊的加紧装置将主轴箱紧固在摇臂导轨上，而外立柱紧固在内立柱上，摇臂紧固在外立柱上，然后进行钻削加工。钻削加工时，钻头一边进行旋转切削，一边进行纵向进给。Z3040 型摇臂钻床运动主要由主运动、进给运动和辅助运动组成。主运动为刀具的旋转运动；进给运动为主轴的上、下运动；辅助运动包括外立柱和摇臂绕内立柱作回转运动，摇臂沿外立柱作升降运动，主轴箱沿摇臂水平移动，作夹紧与放松运动。

Z3040 型摇臂钻床运动情况及控制要求见表 3-4。

表 3-4　　Z3040 型摇臂钻床运动情况及控制要求

<table>
<tr><th>运动种类</th><th>运动形式</th><th>控　制　要　求</th></tr>
<tr><td>主运动</td><td>刀具的旋转运动，它由主轴带动钻头刀具作旋转运动</td><td rowspan="3">（1）摇臂钻床的主运动和进给运动均为主轴的运动，为此这两项运动由一台主轴电动机拖动，分别经主轴传动机构、进给传动机构实现主轴的旋转和进给
（2）摇臂钻床的运动部件较多，为了简化传动装置，采用多台电动机拖动。Z3040 型摇臂钻床采用 4 台电动机拖动，分别是主轴电动机、摇臂升降电动机、液压泵电动机和冷却泵电动机，这些电动机都采用直接启动方式
（3）为了适应多种形式的加工要求，钻床主轴的旋转及进给运动有较大的调速范围，一般情况下多由机械变速机构实现。主轴变速机构与进给变速机构均装在主轴箱内
（4）在加工螺纹时，要求主轴能正反转。摇臂钻床主轴正反转一般采用机械方法实现，因此主轴电动机仅需要单向旋转
（5）摇臂升降电动机要求能正反向旋转
（6）内外主轴的夹紧与放松、主轴与摇臂的夹紧与放松可用机械操作、电气—机械装置、电气—液压或电气—液压—机械等控制方法实现。若采用液压装置，则备有液压泵电动机拖动液压泵提供压力油来实现，液压泵电动机要求能正反向旋转，并根据要求采用点动控制
（7）摇臂的移动严格按照“摇臂松开——移动——摇臂夹紧”的程序进行。因此摇臂的夹紧与摇臂升降按自动控制进行
（8）冷却泵电动机带动冷却泵提供冷却液，只要求单向旋转
（9）具有联锁与保护环节以及安全照明、信号指示电路</td></tr>
<tr><td>进给运动</td><td>主轴的上、下进给运动</td></tr>
<tr><td>辅助运动</td><td>（1）外立柱和摇臂绕内立柱作回转运动
（2）摇臂沿外立柱作升降运动
（3）主轴箱沿摇臂水平移动
（4）外立柱与内立柱、摇臂与外立柱、主轴箱与摇臂间的夹紧与放松运动</td></tr>
</table>

3. Z3040型摇臂钻床电气控制线路分析

Z3040型摇臂钻床电气控制线路如图3-7所示，包括主电路、控制电路和照明电路三部分。图3-8所示为Z3040型摇臂钻床启动、停止示意图。

（1）主电路分析。电源由刀开关QF引入；主电路中共有4台电动机，在图3-7中，M1为主轴电动机，由接触器KM1控制启停，用以实现主轴旋转和进给运动；M2为主轴升降电动机，由接触器KM2、KM3控制正反转以实现升降运动；M3为液压泵电动机，由接触器KM4、KM5控制正反转以实现夹紧和放松运动；M4为冷却泵电动机，通过组合开关SA2实现单向手动控制。M1、M2、M3、M4均为三相异步电动机，容量均小于10kW，全部采用全压直接启动。

熔断器FU1为总电源的短路保护，热继电器FR1作主轴电动机M1的过载保护。在主电路中，主轴电动机只作单方向旋转，其正反转由液压系统和正反转摩擦离合器来实现。制动及变速等也由液压系统来完成。电动机M2是短时运行电动机，可不加过载保护。液压泵电动机M3由热继电器FR2作过载保护。冷却泵电动机M4的容量很小，用转换开关SA2直接控制。

（2）控制电路分析。控制电路所采用电压为11V，采用变压器TC将380V交流电压变为11V电压，作为电源。

1）主轴电动机的控制电路分析。按下启动按钮SB2，接触器KM1线圈得电吸合，其触点自锁，主轴电动机M1启动运行。按下停止按钮SB1，接触器KM1线圈失电释放，主轴电动机停止。过载时，热继电器FR1的动断触点断开，接触器KM1释放，主轴电动机停止。

2）摇臂升降电动机的控制电路分析。按上升按钮SB3（或下降按钮SB4），时间继电器KT吸合，其动合瞬动触点接通了接触器KM4线圈的电路，使液压电动机M3正转，液压泵供给正压力油。同时，KT延时断开动合触点闭合，接通了电磁阀YV线圈，电磁阀的吸合，使压力油进入摇臂的松开油枪，推动松开机构，使摇臂松开，并压下行程开关SQ2，其动断触点断开，接触器KM4因线圈失电而释放，液压泵电动机停止转动；同时SQ2的动合触点闭合，使KM2（下降时为KM3）吸合，摇臂升降电动机M2正转（下降时为反转），拖动摇臂上升（或下降）。

当摇臂上升（或下降）到所需的工作位置时，松开点动按钮SB3（或下降时SB4），接触器KM2（下降时为KM3）和时间继电器KT均释放，摇臂升降电动机M2停转，摇臂停止升降。时间继电器KT释放后，延时1～3s，其延时闭合动断触点闭合，M3反转，反向供压力油。这时开关SB3的动断触点是闭合的，电磁阀仍通电吸合，结果使压力油进入摇臂的夹紧油腔，推动夹紧机构，使摇臂夹紧。夹紧后压下行程开关SQ3，其动断触点断开，接触器KM3和电磁阀YV线圈断电而释放，液压泵电动机M3停转，摇臂的升降也就完成了。摇臂上升过程示意图如图3-9所示。

行程开关SQ2保证只有摇臂先完全松开后才能升降。如果摇臂没有完全松开，则SQ2不动作，其动合触点不闭合，接触器KM2和KM3就不能通电吸合，摇臂升降电动机M2不会动作。

时间继电器KT保证在接触器KM2（或下降时为KM3）断电后1～3s，待摇臂升降电动机停止时再将摇臂夹紧。

摇臂的升降都有限位保护，由组合限位开关SQ1来担任。摇臂上升到上极限位置时，撞块使与上升按钮串联的组合开关触点SQ1-1断开，接触器KM2线圈释放，摇臂升降电动机M2便停转。这时组合限位开关SQ1与下降按钮SB4串联的触点SQ1-2仍然闭合，可以利用按钮SB4使摇臂下降。同理，当摇臂下降达到下极限位置时，撞块使与下降按钮串联的组合开关触点SQ1-2断开，接触器KM3释放，摇臂升降电动机便停转。这时组合开关SQ1与上升按钮SB3串联的触点SQ1-1仍然闭合，可以利用按钮SB3使摇臂上升。

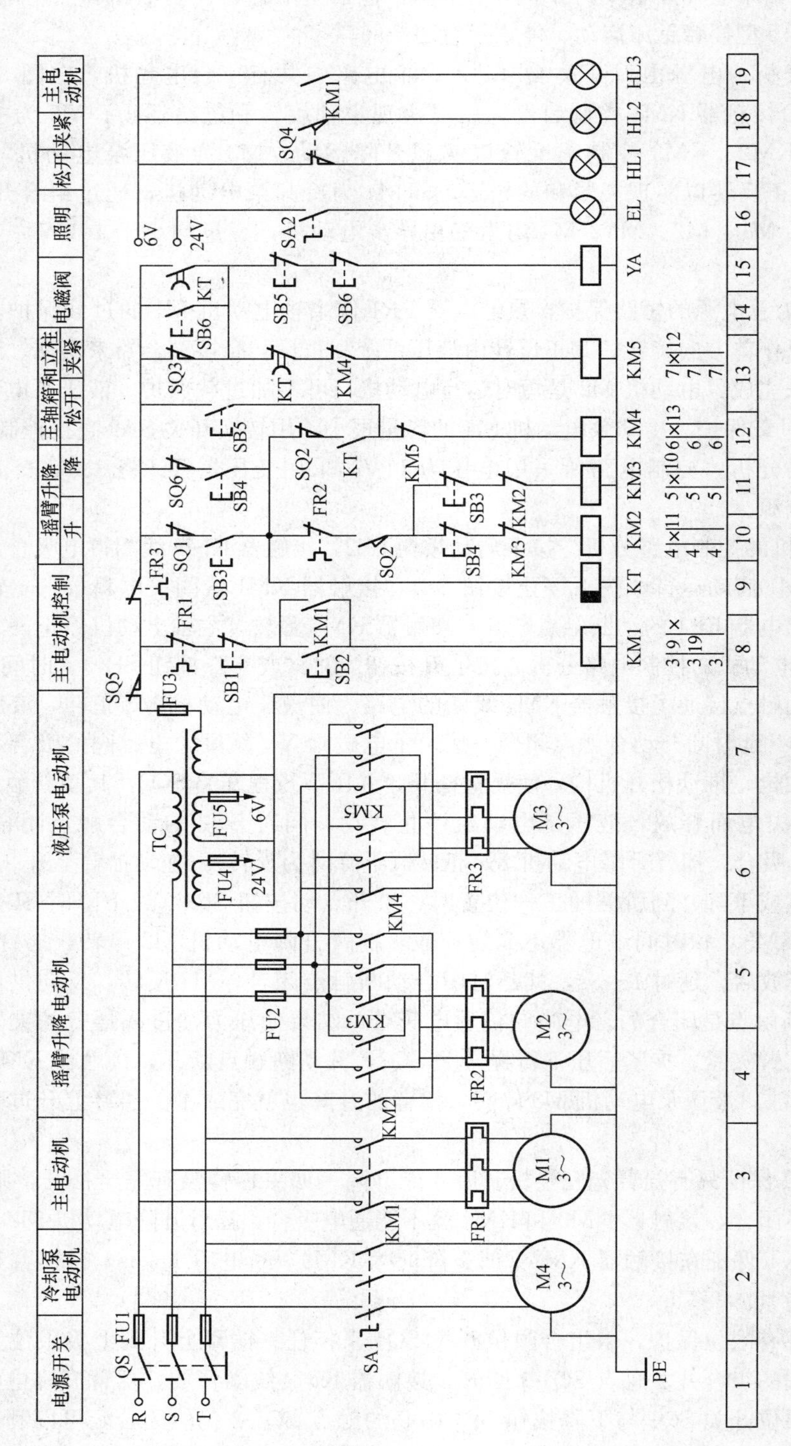

图 3-7 Z3040 型摇臂钻床电气控制线路图

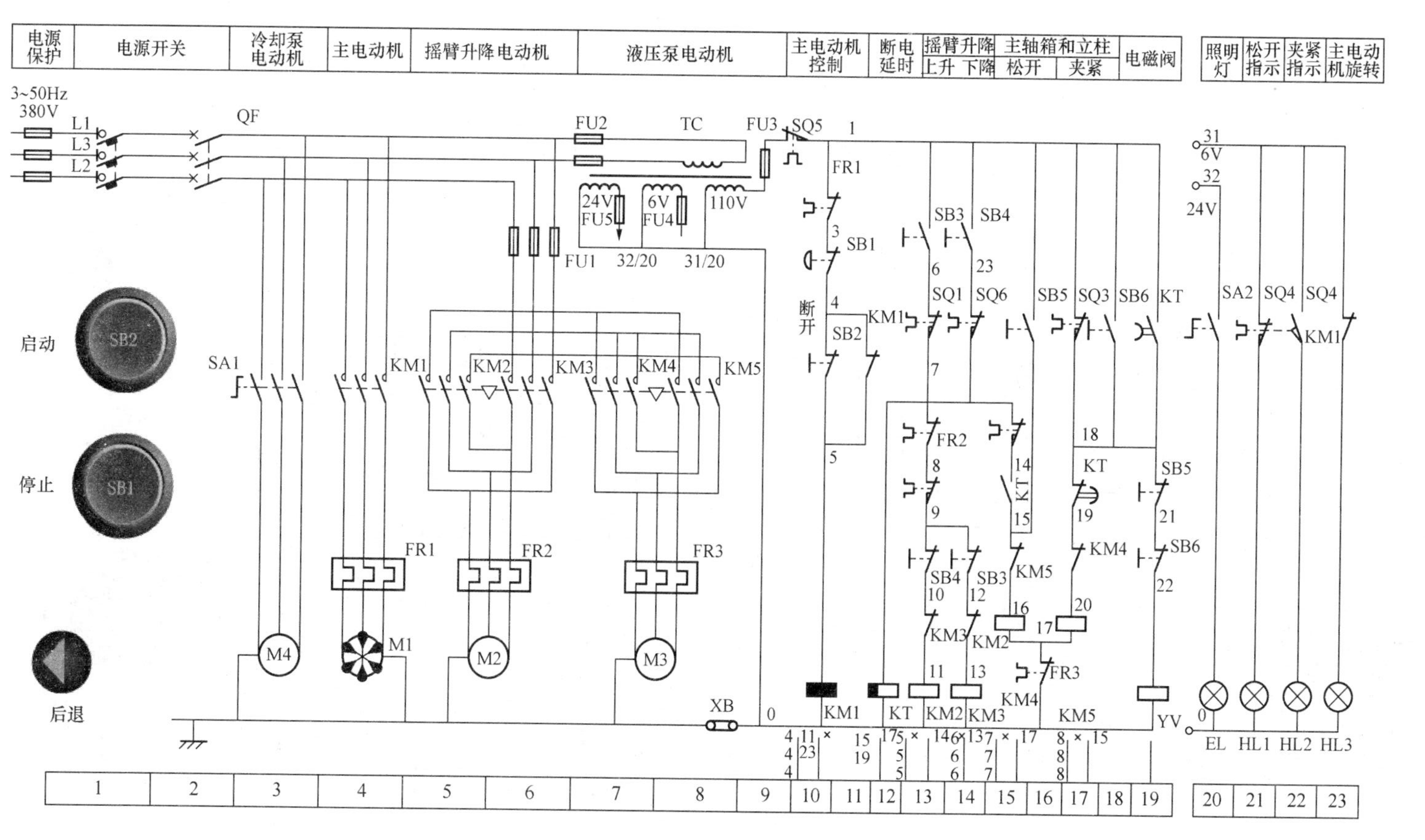

图 3-8 Z3040 型摇臂钻床启动、停止示意图

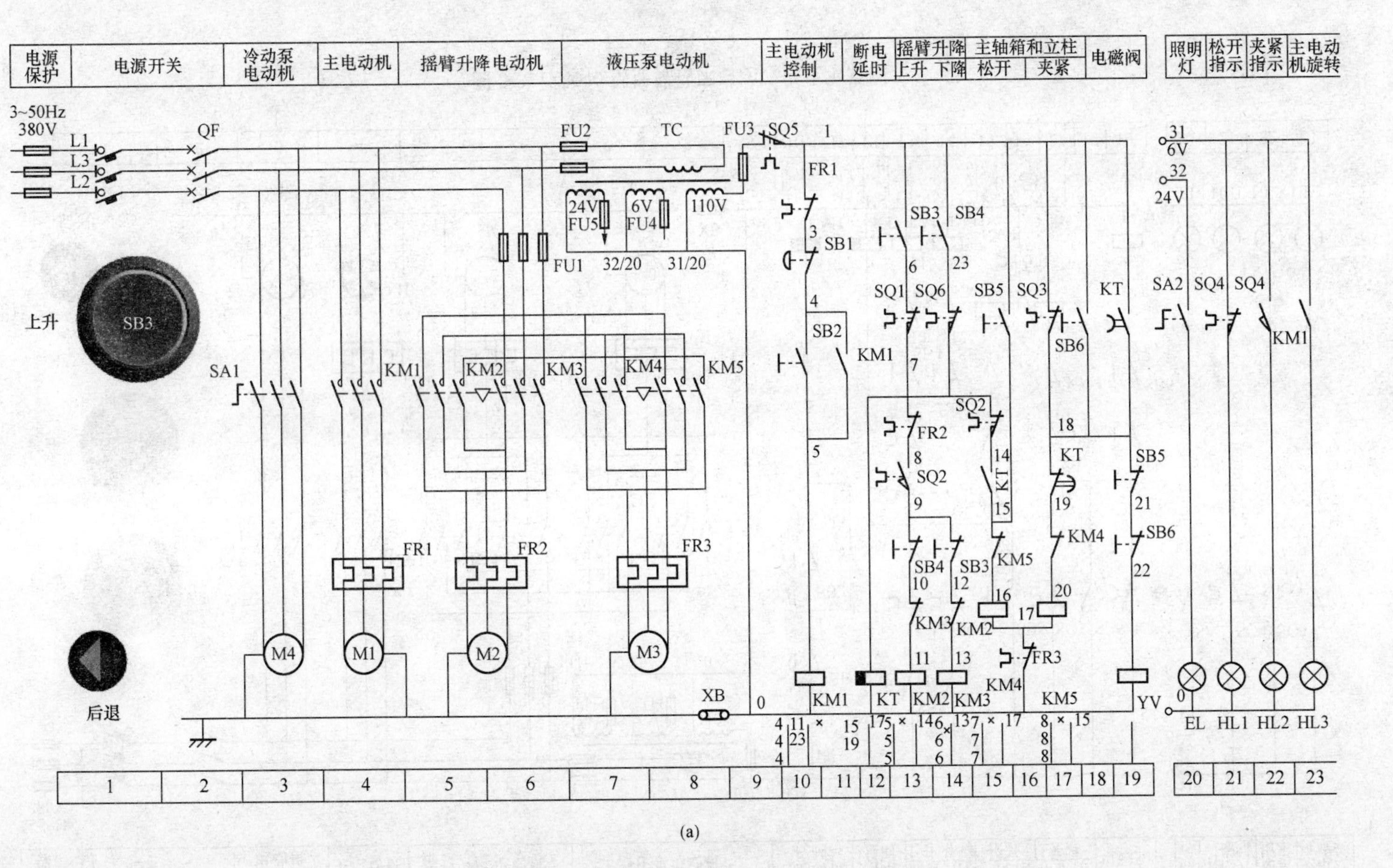

(a)

图 3-9　摇臂上升过程示意图（一）

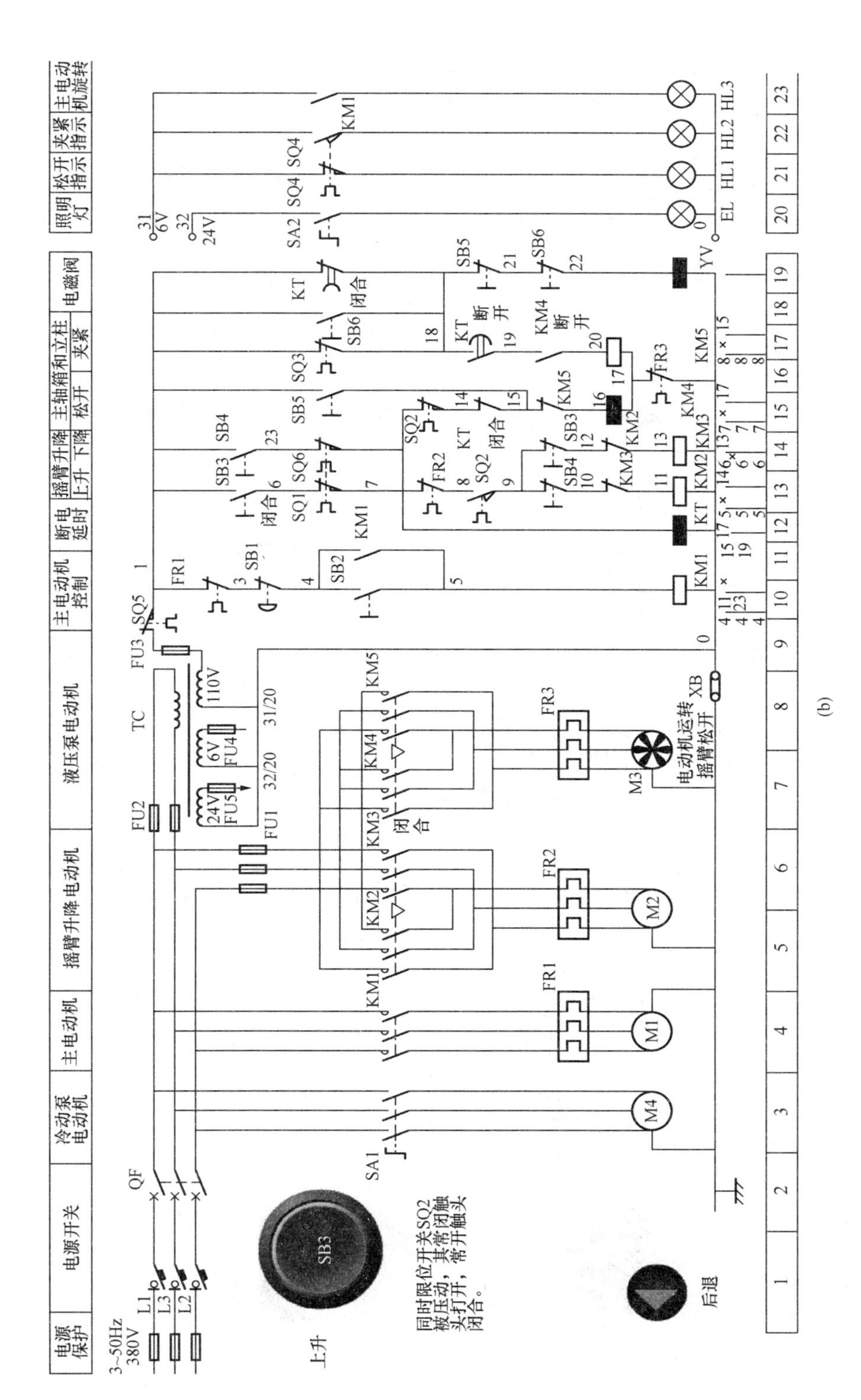

(b)

图 3-9 摇臂上升过程示意图（二）

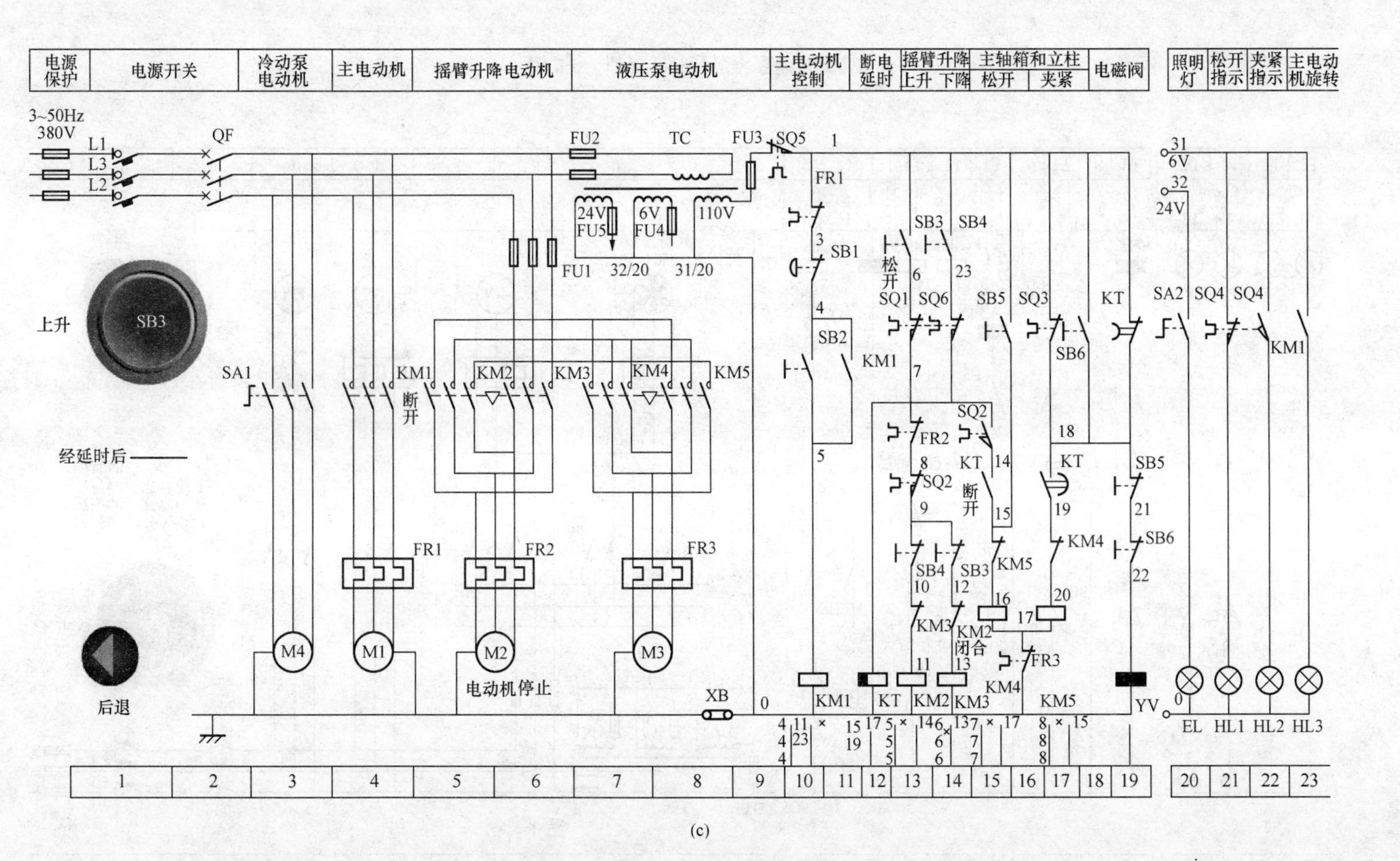

图 3-9 摇臂上升过程示意图（三）

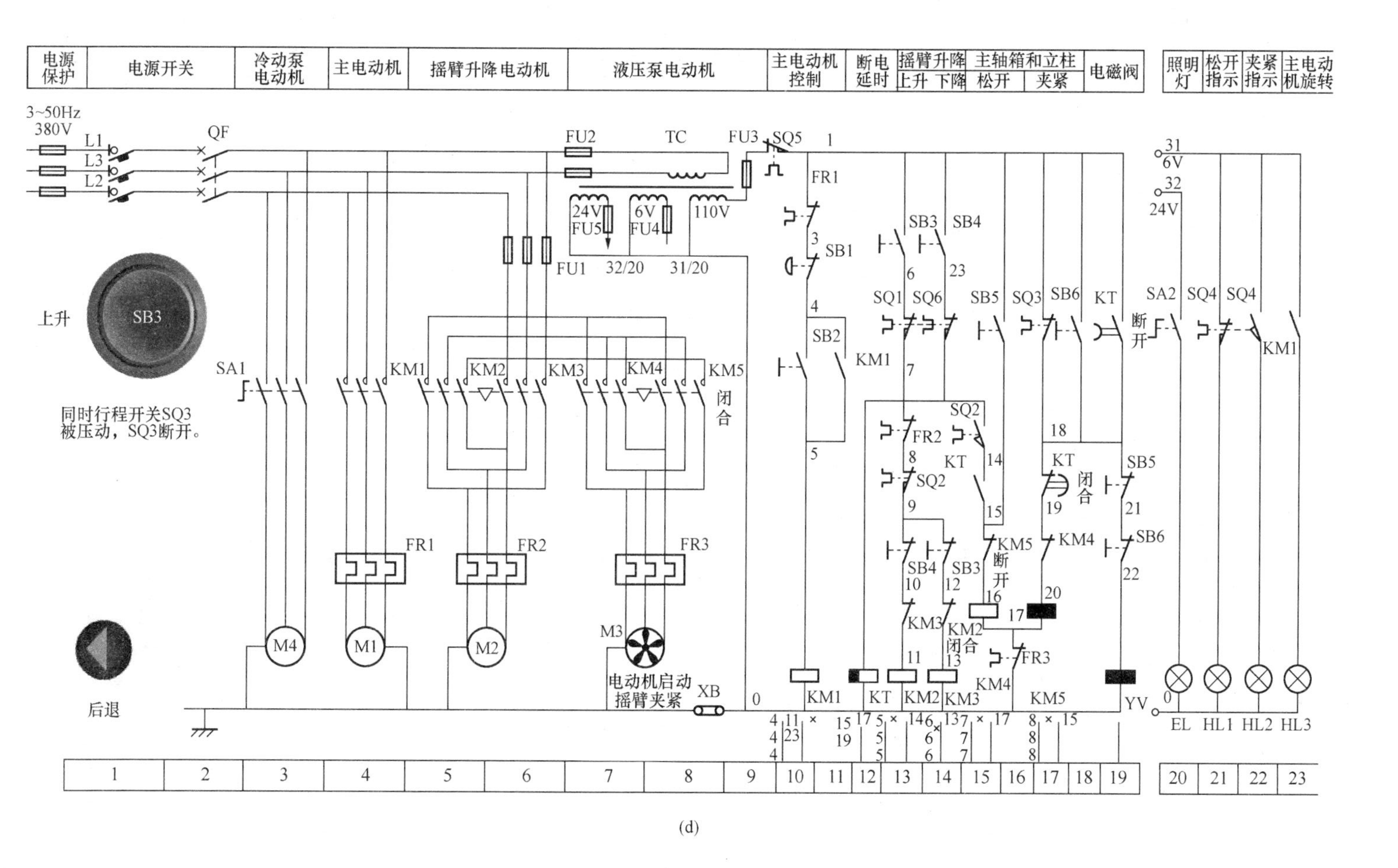

(d)

图 3-9 摇臂上升过程示意图（四）

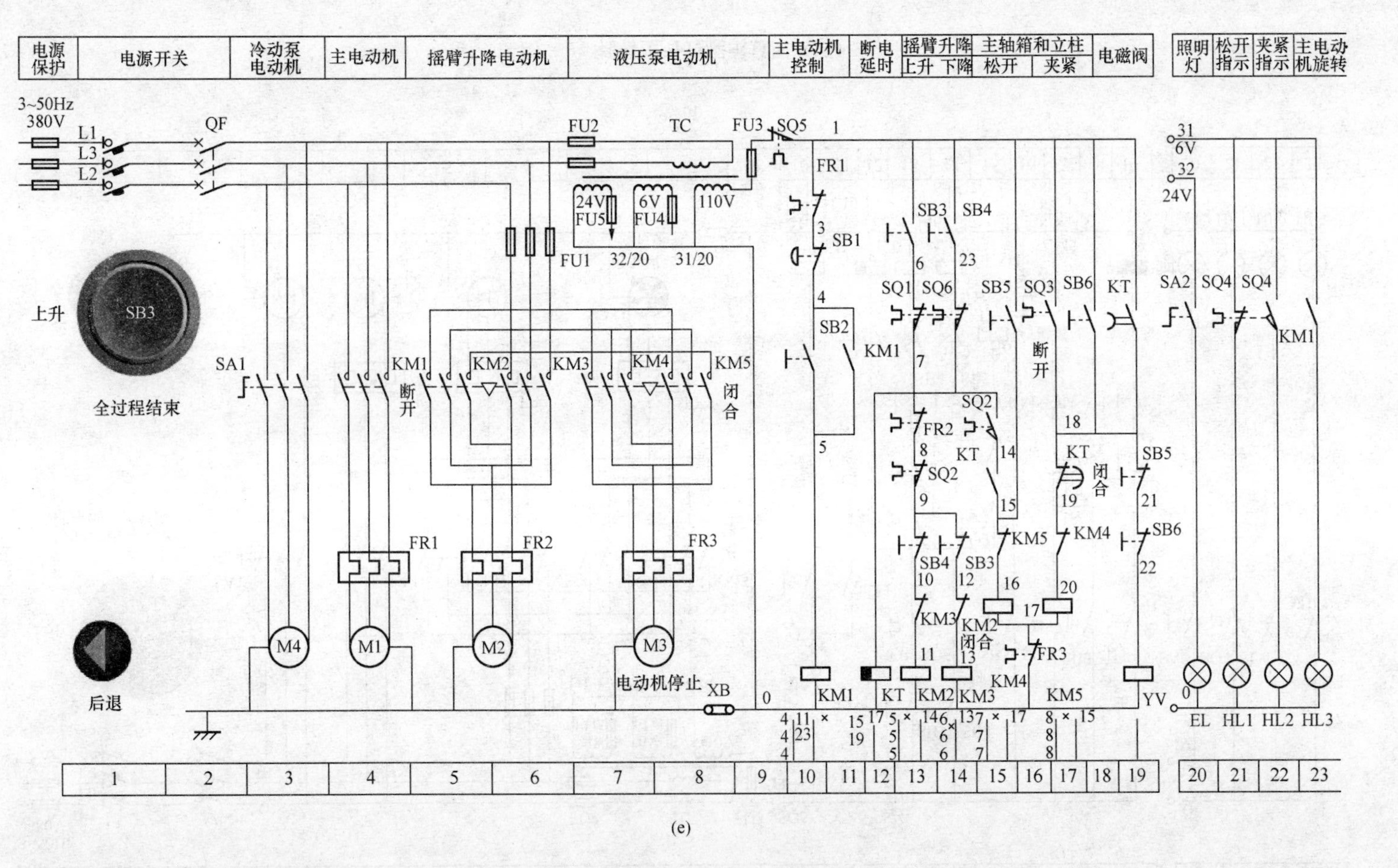

(e)

图 3-9 摇臂上升过程示意图（五）

摇臂夹紧后，由行程开关SQ3的动断触点的断开来使液压泵电动机M3停止运动。如果液压系统出现故障使摇臂不能夹紧，或由于行程开关SQ3调整不当，都会使SQ3的动断触点不断开而使液压泵电动机长时间运行而过载。因此，液压泵电动机虽是短时间运转，但仍增加了热继电器FR2作过载保护。

3）主轴箱和立柱松开与夹紧的控制如图3-10所示。主轴箱和立柱的松开或夹紧是同时进行的。若要使它松开，可按下松开点动按钮SB5，接触器KM4吸合，液压泵电动机M3正转。这时与摇臂升降不同，电池阀YV并不吸合，压力油进入主轴箱松开油缸和立柱松开油缸，推动松紧机构使主轴箱和立柱松开。同时限位开关SQ4松开，其动断触点闭合，松开指示灯HL1亮。

若要使主轴箱和立柱都夹紧，可按下夹紧点动按钮SB6，接触器KM5吸合，液压泵电动机M3反转，这时由于SB6的动断触点的断开，所以电池阀YV并不吸合，压力油进入主轴箱夹紧油缸和立柱夹紧油缸，推动松紧机构使主轴箱和立柱夹紧。同时，行程开关SQ4被压下，其动断触点断开而动合触点闭合，因而松开指示灯HL1熄灭而夹紧指示灯HL2亮。主轴电动机M1工作时，接触器KM1的辅助动合触点闭合，主轴电动机旋转指示灯HL3亮。指示灯HL1、HL2和HL3的电源由控制变压器TC的一个二次绕组的抽头（G31）和端点提供。

（3）照明电路。变压器TC的另一二次绕组提供24V交流照明电源电压。照明灯EL由装在灯头上的扳把开关SA1控制，为了安全起见，灯的一端接地。此电路短路保护由FU4实现。

三、常用工具及仪器仪表的准备

（1）材料、设备。Z3040型摇臂钻床电气元件明细表见表3-5。

表3-5　Z3040型摇臂钻床电气元件明细表

符号	名称及用途	符号	名称及用途
M1	主轴电动机	FR2	热继电器，保护液压泵电动机用
M2	摇臂升降电动机	QF	断路器
M3	液压泵电动机	SA2	冷却泵电动机开关
M4	冷却泵电动机	SQ1	限位开关，终端保护用
KM1	接触器，主电动机旋转用	SQ2	行程开关，摇臂松开后压下
KM2	接触器，摇臂上升用	SQ3	行程开关，摇臂夹紧后压下
KM3	接触器，摇臂下降用	SB6	主轴箱和立柱夹紧点动按钮
KM4	接触器，主轴箱和立柱松开用	FU1	熔断器，保护总电源
KM5	接触器，主轴箱和立柱夹紧用	FU2	熔断器，保护M2、M3和控制电路
SQ4	行程开关，立柱（主轴箱）夹紧后压下	FU3	熔断器，保护指示灯电路
TC	控制变压器	FU4	熔断器，保护照明电路
SB1	主轴停止按钮	YV	电磁阀
SB2	主轴启动按钮	EL	照明灯
SB3	摇臂上升点动按钮	SA1	灯开关
SB4	摇臂下降点动按钮	HL1	主轴箱和立柱松开指示灯
SB5	主轴箱和立柱松开点动按钮	HL2	主轴箱和立柱夹紧指示灯
KT	时间继电器	HL3	主轴运行指示灯
FR1	热继电器，保护主轴电动机		

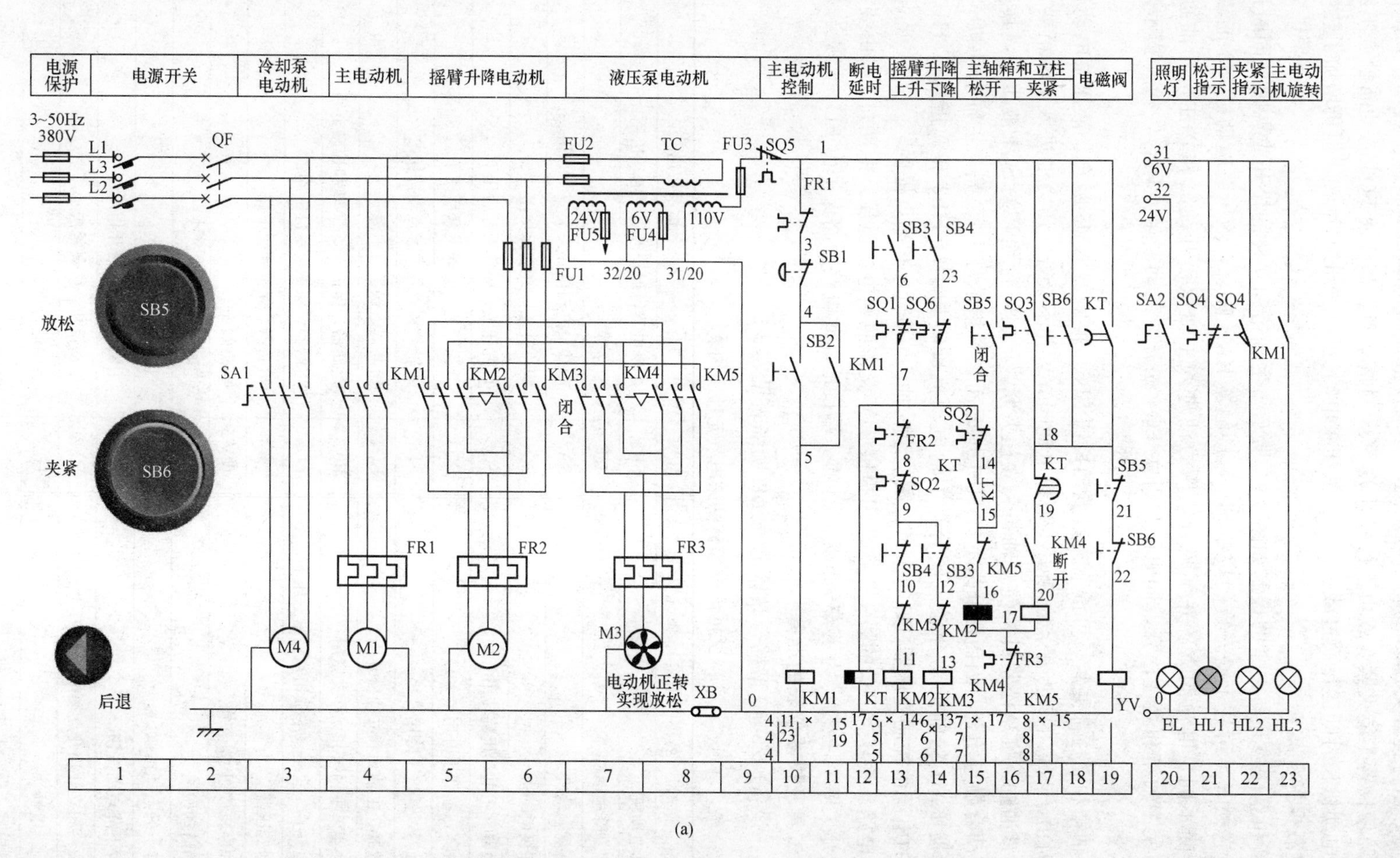

图 3-10　主轴箱与立柱的松开与夹紧示意图（一）

（a）主轴箱松开

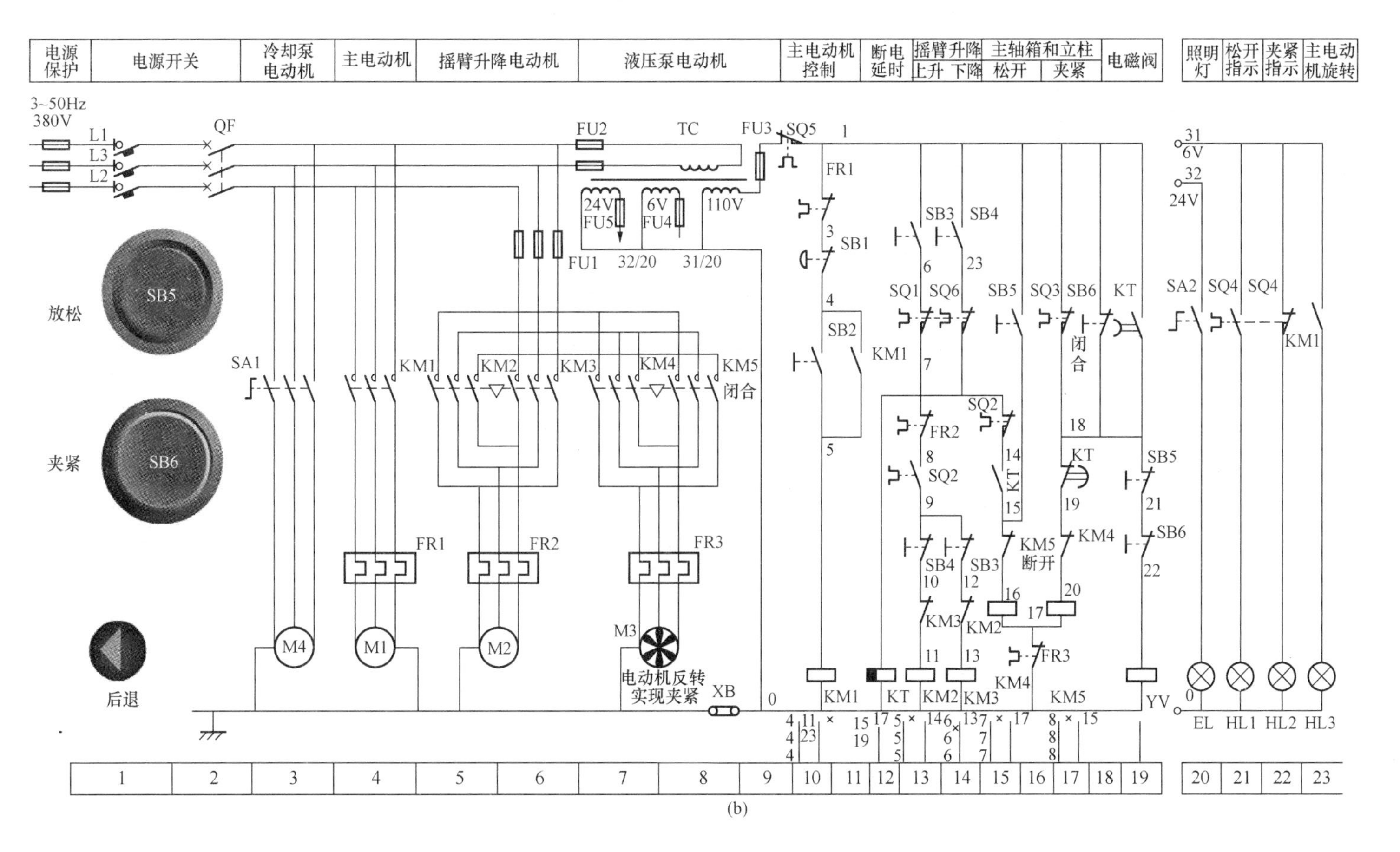

图 3-10 主轴箱与立柱的松开与夹紧示意图（二）

（b）主轴箱夹紧

（2）实训工具。常用电工工具、Z3040 摇臂钻床实训台、万用表、绝缘电阻表、钳形电流表等。

（3）实习场地准备。

1）实习场地每个位置至少保证 $4m^2$ 的面积，每个位置有固定台面且采光良好，工作面的光照强度不小于 100lx，不足部分采用局部照明补充。

2）实习场地应干净整洁，无环境干扰，空气新鲜，每个位置应准备的材料、设备、工具应齐全。

四、操作要点及要求

（1）安装电气元件时，必须按电气布置图安装，并做到元件安装牢固，排列整齐、均匀、合理。紧固元件时要用力均匀，紧固度适当，以防元件损坏。

（2）内部布线应平直、整齐、紧贴敷设面、走线合理，触点不得松动、不露铜、不反圈、不压绝缘层等，并符合工艺要求。

（3）布线完工之后，必须对控制电路进行全面检查。

五、故障分析与检修

1. 常见故障分析

（1）刚启动主轴电动机 M1，熔断器 FU1 立即熔断。

1）钻头被铁屑卡死。

2）进给量太大，引起主轴堵转。

（2）摇臂不能升降。

1）行程开关 SQ2 没有压下，可能的原因有：电源相序相反了。相序若接反，则按下上升按钮 SB3 后，液压泵电动机 M3 不是正转而是反转，摇臂不是松开而是夹紧，所以不能压下行程开关 SQ2；行程开关 SQ2 的位置移动，使摇臂松开后没有压下 SQ2；液压系统发生故障，摇臂不能完全松开。

2）摇臂升降电动机不能启动。这时如果摇臂已松开，则可能是接触器 KM2 或 KM3 主触点接触不良或线圈烧坏，应修复或更换接触器。

（3）摇臂升降后不夹紧。

1）行程开关 SQ3 的安装位置不准确，在尚未完全夹紧之前就过早地压下 SQ3，造成液压泵电动机过早停止转动。

2）液压系统有故障。

（4）摇臂升降的限位开关失灵。

1）限位开关 SQ1 损坏，因而触点不能动作。

2）限位开关 SQ1 触点接触不良。

3）限位开关的触点熔焊。

发生上述故障时应修理或更换限位开关 SQ1。

（5）主轴箱和立柱都不能夹紧或松开。

1）按钮 SB5 或 SB6 接线松动，引起线路短路，应将线路重新接好。

2）接触器 KM4 或 KM5 线圈接线断开或主触点接触不良，应将接线接好或修理、更换主触点。

3）液压系统故障。

2. 检修步骤及要求

在进行故障分析与检修时，应遵循以下原则。

（1）在实训老师的指导下，对磨床进行检修操作，了解 Z3040 型摇臂钻床的各种工作状态及操作方法。

（2）在实训老师的指导下，参照给定的电气布置图和电气接线图，熟悉 Z3040 型摇臂钻床的各电气元件的分布及走线。

（3）在 Z3040 型摇臂钻床上人为设置自然故障点，由实训老师示范检修，检修时应参照以下步骤和要求。

1）通电试车时，引导学生注意观察故障现象，并分析引起故障的原因。

2）根据故障现象，采用本书模块一中介绍的故障分析方法，确定故障范围，并根据相应的检查方法确定故障点。

3）采用相应的正确方法排除故障，使得机床恢复正常工作。

（4）实训老师设置故障点，由学生检修，设置故障点时，应遵循以下原则。

1）所设置故障点应为自然故障点，切忌设置更改线路的非自然故障点。

2）应该根据学生掌握程度设置故障点的数量和难易程度。

3）设置多个故障点时，故障现象尽可能不互相掩盖，尽可能不在同一线路上设置重复故障点。

4）所设置的故障点应不会造成人身伤害和设备事故。

5）学生排除完故障进行试车时应在老师的监视指导下进行。

六、考核评分

Z3040 型摇臂钻床故障分析及检修实训考核评分标准见表 3-6。

表 3-6　**Z3040 型摇臂钻床故障分析及检修实训考核评分标准**

<table>
<tr><th>序号</th><th>内　容</th><th colspan="3">评　分　标　准</th><th>分　值</th><th>得　分</th></tr>
<tr><td rowspan="2">1</td><td rowspan="2">故障分析</td><td colspan="3">不进行故障分析，扣 5 分</td><td rowspan="2">30</td><td></td></tr>
<tr><td colspan="3">不能标出故障范围的，每个故障点扣 10 分</td><td></td></tr>
<tr><td rowspan="6">2</td><td rowspan="6">故障排除</td><td colspan="3">停电不验电，每次扣 5 分</td><td rowspan="6">70</td><td></td></tr>
<tr><td colspan="3">仪器仪表使用不正确，每次扣 5 分</td><td></td></tr>
<tr><td colspan="3">排除故障方法不正确，扣 10 分</td><td></td></tr>
<tr><td colspan="3">不能排除故障点，每个扣 30 分</td><td></td></tr>
<tr><td colspan="3">扩大故障范围，每个扣 35 分</td><td></td></tr>
<tr><td colspan="3">损坏电气元件，每个扣 35 分</td><td></td></tr>
<tr><td>3</td><td>时间定额 1h</td><td colspan="3">超出时间以每 1min 扣 1 分计算</td><td></td><td></td></tr>
<tr><td>4</td><td>开始时间</td><td></td><td>结束时间</td><td></td><td>实际时间</td><td></td></tr>
</table>

七、思考题

（1）在 Z3040 型摇臂钻床控制电路中，时间继电器 KT 与电磁阀 YV 在什么时候动作，YV 动作时间比 KT 长还是短？YV 什么时候不动作？

（2）Z3040 型摇臂钻床在摇臂升降过程中，液压泵电动机和摇臂升降电动机应如何配合工作？以摇臂上升为例，叙述电路工作情况。

（3）Z3040 型摇臂钻床电路中具有哪些联锁与保护？为什么要有这些联锁与保护？它们是如

何实现的?

(4) 在 Z3040 型摇臂钻床中，若发生下列故障，试分别分析其故障原因。

① 摇臂上升时能够夹紧，但在摇臂下降时没有夹紧的动作。

② 摇臂能够下降和夹紧，但不能放松和上升。

任务3 M7130型平面磨床控制线路故障分析与检修

一、实训目的

(1) 了解 M7130 型平面磨床的基本结构和运动形式。

(2) 了解 M7130 型平面磨床的电力拖动特点及控制要求。

(3) 理解 M7130 型平面磨床的电气原理图。

(4) 掌握 M7130 型平面磨床常见故障，并进行分析和检修。

二、实训理论基础

1. M7130 型平面磨床主要结构

磨床是利用磨具对工件表面进行磨削加工的机床。大多数的磨床是使用旋转的砂轮进行磨削加工的，少数用油石、砂带等其他磨具和游离磨料加工，如衍磨机、超精加工机床、砂带磨床、碾磨机和抛光机等。

平面磨床是磨削工件或成型表面的一类磨床。其主要类型有卧轴距台、卧轴圆台、立轴距台、立轴圆台和各种专用平面磨床。人们普遍认为平面磨床就是那种只能磨削平面的机床。当今平面磨床的发展趋势转向成形、台阶、切入、快速抖动、三维可见曲线表面磨削加工。

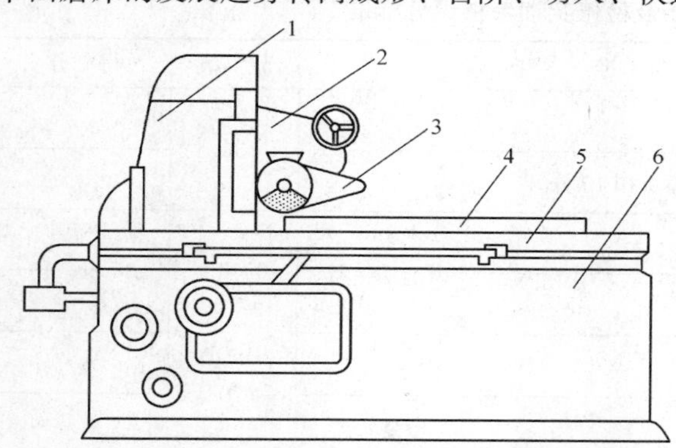

图 3-11 M7130 型平面磨床外形结构图

1—立柱；2—滑座；3—砂轮箱；4—电磁吸盘；5—工作台；6—床身

M7130 型平面磨床主要利用轴承的平面工序进行磨削加工，是一种应用广泛的磨削加工设备。在机械加工中，当对零件表面的光洁度要求比较高时，就需要用磨床进行加工，磨床是用砂轮的周边或端面对工件的表面进行机械加工的表面进行机械加工的一种精密机床。M7130 型号的意义：M 为磨床；7 为平面，1 为卧轴距台式，30 为工作台的工作面宽为 300mm。

M7130 型平面磨床主要由床身、工作台、电磁吸盘、砂轮箱、立柱、操作手柄等构成，其外形结构如图 3-11 所示。

2. M7130 型平面磨床运动情况及控制要求

平面磨床的工作台上装有电磁吸盘，用以吸持工件。工作台在床身导轨上作往复运动（纵向运动）。固定在床身上的立柱上带有导轨，滑座在立柱导轨上作垂直运动；而砂轮箱在滑座的导轨上作水平运动（横向运动），砂轮箱内装有电动机，电动机带动砂轮作旋转运动。

在平面磨床加工工件过程中，砂轮的旋转运动是主运动，工作台的往复运动为纵向进给运动，滑座带动砂轮箱沿立柱导轨的运动为垂直进给运动，砂轮箱沿滑座导轨的运动为横向进给运动。

工作时，砂轮旋转，同时工作台带动工件右移，工件被磨削。然后工作台带动工件快速左移，砂轮向前作进给运动，工作台再次右移，工件上新的部位被磨削。这样不断重复，直至整个待加工平面都被磨削。图 3-12 所示为矩形工作台平面磨床工作示意图。

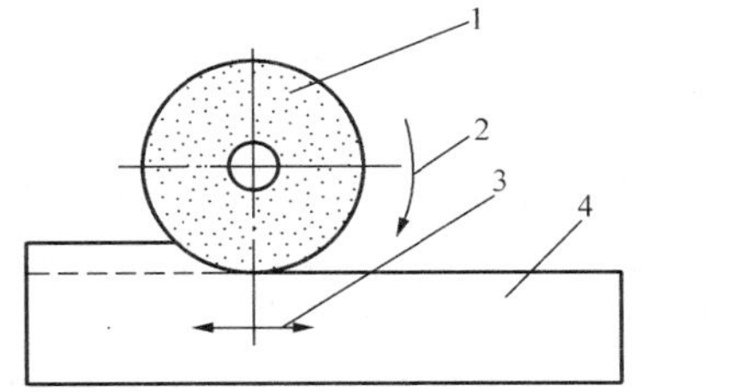

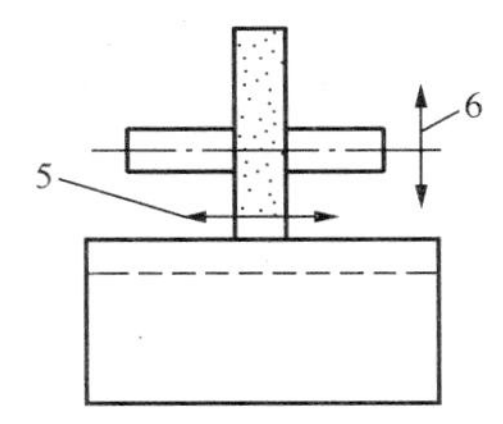

图 3-12 矩形工作台平面磨床工作示意图

1—砂轮；2—主运动；3—纵向进给运动；4—工作台；5—横向进给运动；6—垂直进给运动

M7130 型平面磨床运动情况见表 3-7。

表 3-7 M7130 型平面磨床运动情况

运动种类	运动形式	控制要求
主运动	砂轮的高速旋转	（1）为保证磨削加工质量，要求砂轮有较高的转速，通常用两级笼型异步电动机 （2）为提高主轴的刚度，简化机械结构，采用装入式电动机，将砂轮直接装到电动机轴上 （3）砂轮电动机只要求单向旋转，可直接启动，无调速和制动要求
进给运动	（1）工作台的往复运动（纵向进给） （2）砂轮架的横向运动（前后进给） （3）砂轮架的升降运动（垂直进给）	（1）采用液压传动，因液压传动换向平稳，易于实现无级调速。液压泵电动机 M3 拖动液压泵，工作台在液压作用下作纵向运动 （2）由装在工作台前侧的换向挡铁碰撞床身上的液压换向开关控制工作台进给方向 （3）在磨削过程中，工作台换向一次，砂轮架就横向进给一次 （4）在修正砂轮或调整砂轮的前后位置时，可连续横向移动 （5）砂轮架的横向进给运动可由液压传动，也可用手轮来操作 （6）滑座沿立柱的导轨垂直上下移动，以调整砂轮架的上下位置，使砂轮磨入工件，以控制磨削平面时工件的尺寸 （7）垂直进给运动是通过操作手轮由机械传动装置实现的
辅助运动	（1）工件的夹紧 （2）工作台的快速移动 （3）工件的夹紧与放松 （4）工件的冷却	（1）工件可以用螺钉和压板直接固定在平面台上 （2）在工作台上也可以装电磁吸盘，将工件吸附在电磁吸盘上，因此要有充磁和退磁控制环节。为保证安全，电磁吸盘与三台电动机之间有电气联锁装置，即电磁吸盘吸合后，电动机才能启动。电磁吸盘不工作或发生故障时，三台电动机均不能启动 （3）工作台能在纵向、横向和垂直三个方向上快速移动，由液压传动机构实现 （4）工件的夹紧与放松须由人力操作 （5）冷却泵电动机 M2 拖动冷却泵旋转供给冷却液；要求砂轮电动机 M1 和冷却泵电动机要实现顺序控制

3．M7130 型平面磨床电气控制线路分析

平面磨床电气控制主电路图如图 3-13 所示。

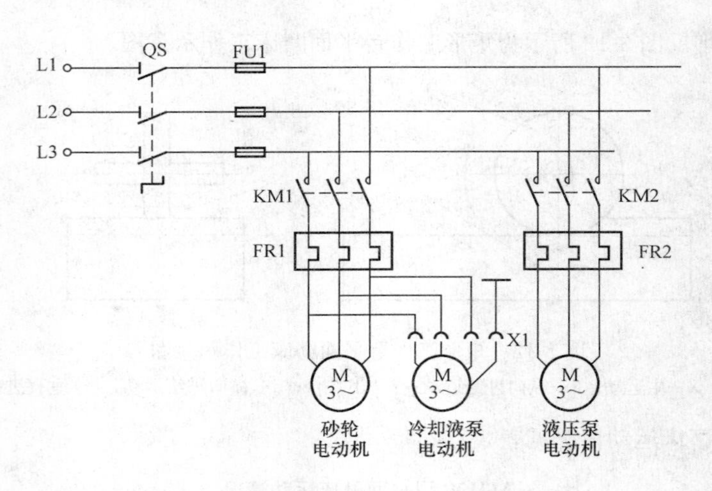

图 3-13 平面磨床电气控制主电路图

平面磨床电气控制电路图如图 3-14 所示。

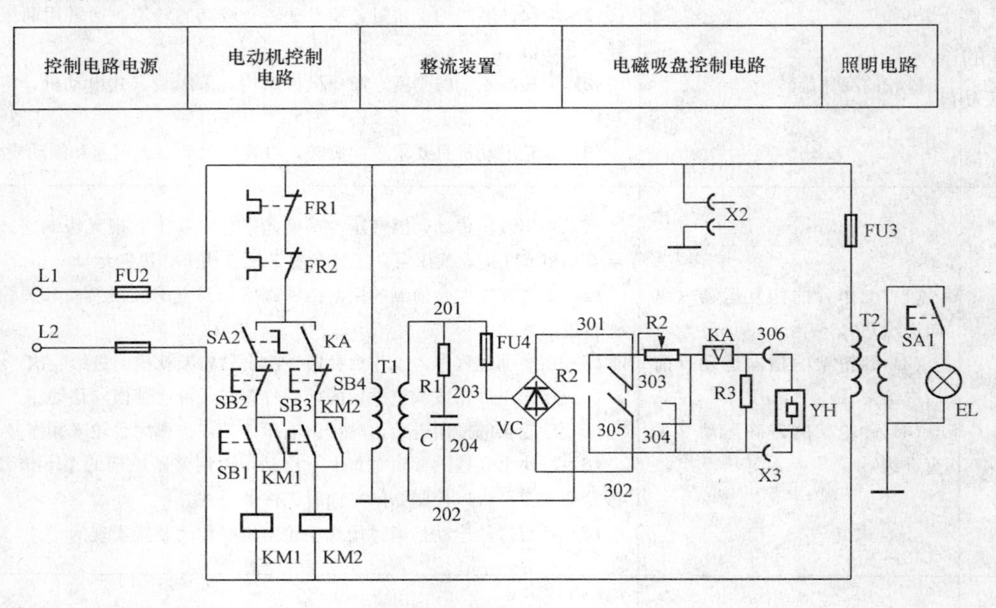

图 3-14 平面磨床电气控制电路图

平面磨床的主运动是砂轮的旋转运动，辅助运动是工作台的纵向往返进给运动及砂轮架间断性的横向进给和砂轮架连同滑座沿立柱垂直导轨间断性的垂直进给运动。工作台每完成一次纵向往返进给运动，砂轮架作一次间断性的横向进给，当加工完整个平面后，砂轮架作一次间断性的垂直进给运动。

（1）主电路分析。主电路中有三台电动机，M1 为砂轮电动机，M2 为冷却泵电动机，M3 为液压泵电动机。M1 由接触器 KM1 控制。插上插销 X1 后，M2 将与 M1 同时启动和停止；不用冷却液时，可将插销 X1 拔掉。M3 由接触器 KM2 控制。

三台电动机共用熔断器 FU1 作短路保护，M1 和 M2 用热继电器 FR1 作长期过载保护，M3 用热继电器 FR2 作长期过载保护。

（2）控制电路分析。控制电路可分为电动机控制电路和电磁吸盘控制电路两部分。

控制电路的控制电源为380V。由控制按钮SB1、SB2与接触器KM1构成砂轮电动机M1的单向旋转直接启动控制电路；由控制按钮SB3、SB4与KM2构成液压泵电动机单向旋转直接启动控制电路。

这两台电动机的启动和停止可独立进行，但都必须在电磁吸盘YH工作且欠电流继电器KA吸合，或者YH不工作而SA1处于“退磁”位置，使SA1闭合后才能启动运行。

（3）电磁吸盘控制电路的分析。电磁吸盘又称电磁工作台，是平面磨床的重要组成部分，用以吸持工件，代替装夹工件，便于砂轮进行磨削。

电磁吸盘的结构如图3-15所示，它由盘体、线圈、盖板三部分构成。盘体由铸钢制成，在其中部凸起的心体A上绕有线圈。钢制盖板中有非磁性材料制成的隔磁层，当线圈通电时，磁力线不能通过隔磁层，而只能通过放在盖板上面的工件构成闭合磁路，从而使工件被吸牢在盖板上。图3-15所示结构只是电磁吸盘的一部分，电磁吸盘由许多同样的部分构成，使得工件放在盖板上的任何地方都能被吸牢。

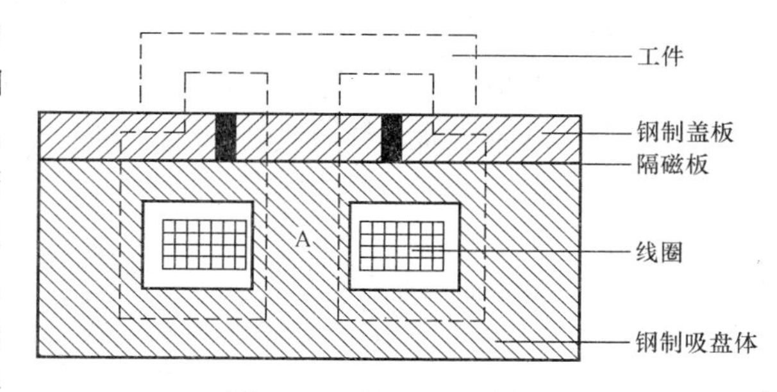

图3-15 电磁吸盘结构图

电磁吸盘的外形有矩形和圆形两种，矩形平面磨床采用矩形电磁吸盘。

电磁吸盘的线圈不能通以交流电，只能通以直流电。交流电会使工件产生振动和涡流，振动妨碍加工，涡流导致工件发热。

当工件加工完毕时，由于吸盘和工件有剩磁，工件难以取下。为了消除剩磁，在取下工件前，应将工作台和工件去磁。去磁方法是在吸盘线圈中通入反向电流，所通电流的大小和时间应适当，否则会使工件反向磁化。若工件对去磁要求严格，在取下工件后，还要用交流去磁器进行处理。交流去磁器是平面磨床的一个附件。

电磁吸盘控制电路可分为整流装置、控制装置和保护装置三部分，如图3-14所示。

电磁吸盘整流装置由整流变压器T1与桥式全波整流器VC组成，输出110V直流电压对电磁吸盘供电。

电磁吸盘由转换开关SA2控制。SA2有三个位置：充磁、断电和去磁。当SA2置于“充磁”位置时，触点SA2（301—303）与触点SA2（302—304）接通，整流器的输出经302→304→KA→306→YH→303→301使电磁吸盘YH通电。当SA2置于“去磁”位置时，触点SA2（301—305）、SA1（303—302）及SA2（8—6）接通，此时整流器输出经302→303→YH→306→KA→304→R2→305→301使电磁吸盘通电。在“充磁”状态时，电磁吸盘获得整流器输出的110V直流电压，极性为上负下正，并串入了欠电流继电器KA。电流足够大时，KA的动合触点闭合，为电动机控制电路的操作做好准备。在加工过程中，若吸盘电流大大降低或消失，KA的动合触点断开使电动机控制线路断电，电动机停转，以避免磨削时因吸力不足而使工件飞出。但是在要单独对砂轮或工作台进行调整时，不需要电磁吸盘工作。这时为使电动机控制电路也能操作，将SA2的一对触点SA2（8—6）与KA（8—6）并联，这样在需要单独调整砂轮或工作台时，可将SA2扳在“去磁”位置，SA2（8—6）便闭合，使得电动机控制电路被接通。当开关SA2置于“去磁”位置时，电磁吸盘回路中串入了电阻R2，并且电磁吸盘获得的直流电压的极性是上正下负，流过的直流电流与充磁时相反，实现了去磁。串入R2是为了适当减小去磁电流，以不致造成反向磁化。

若工件对去磁要求严格，在取下工件后，还需要用交流去磁器进行处理。图 3-14 中的插座 X2 就是为插接去磁器而预备的。

电磁吸盘线圈是一个大电感，当线圈断电时，两端会产生很高的自感电压，会把线圈绝缘损坏，以及在开关 SA2 上产生很大的火花，导致开关触点的损坏。为此，电路中接了电阻 R3 作为其放电回路，以释放线圈中储存的磁场能量。

另外，图 3-14 中的 R、C 用于吸收交、直流侧通断时产生的浪涌电压，作为整流装置的过电压保护。

(4) 照明电路。照明变压器 T2 将 380V 的交流电压降为 36V 的安全电压供给照明电路。EL 为照明灯，一端接地，另一端开关 SA1 控制，熔断器 FU3 作照明电路的短路保护。

三、常用工具及仪器仪表的准备

(1) 工具及材料：常用电工工具、M7130 平面磨床实训台、万用表、绝缘电阻表、钳形电流表等。

(2) 实习场地准备。

1) 实习场地每个位置至少保证 $4m^2$ 的面积，每个位置有固定台面且采光良好，工作面的光照强度不小于 100lx，不足部分采用局部照明补充。

2) 实习场地应干净整洁，无环境干扰，空气新鲜，每个位置应准备的材料、设备、工具应齐全。

四、操作要点及要求

(1) 安装电气元件时，必须按电气布置图安装，并做到元件安装牢固，排列整齐、均匀、合理。紧固元件时要用力均匀，紧固度适当，以防元件损坏。

(2) 内部布线应平直、整齐、紧贴敷设面、走线合理，触点不得松动、不露铜、不反圈、不压绝缘层等，并符合工艺要求。

(3) 布线完工之后，必须对控制电路进行全面检查。

五、故障分析与检修

在进行故障分析与检修时，应遵循以下原则。

(1) 在实训老师的指导下，对磨床进行检修操作，了解 M7130 二型平面磨床的各种工作状态及操作方法。

(2) 在实训老师的指导下，参照给定的电气布置图和电气接线图，熟悉 M7130 型平面磨床各电气元件的分布及走线。

(3) 在 M7130 型平面磨床上人为设置自然故障点，由实训老师示范检修，检修时应参照以下步骤和要求。

1) 通电试车时，引导学生注意观察故障现象，并分析引起故障的原因。

2) 根据故障现象，采用本书模块一中介绍的故障分析方法，确定故障范围，并根据相应的检查方法确定故障点。

3) 采用相应的正确方法排除故障，使得机床恢复正常工作。

(4) 实训老师设置故障点，由学生检修，设置故障点时，应遵循以下原则。

1) 所设置故障点应为自然故障点，切忌设置更改线路的非自然故障点。

2) 应该根据学生掌握程度设置故障点的数量和难易程度。

3) 设置多个故障点时，故障现象尽可能不互相掩盖，尽可能不在同一线路上设置重复故障点。

4) 所设置的故障点应不会造成人身伤害和设备事故。

5) 学生故障排除完进行试车时应在老师的监视指导下进行。

六、考核评分

M7130 型平面磨床故障分析及检修实训考核评分标准见表 3-8。

表 3-8　　M7130 型平面磨床故障分析及检修实训考核评分标准

序号	内　容	评 分 标 准			分　值	得　分
1	故障分析	不进行故障分析，扣 5 分			30	
		不能标出故障范围的每个故障点，扣 10 分				
2	故障排除	停电不验电，每次扣 5 分			70	
		仪器仪表使用不正确，每次扣 5 分				
		排除故障方法不正确，扣 10 分				
		不能排除故障点，每个扣 30 分				
		扩大故障范围，每个扣 35 分				
		损坏电气元件，每个扣 35 分				
3	时间定额 1h	超出时间以每 1min 扣 1 分计算				
4	开始时间		结束时间		实际时间	

七、思考题

(1) 在 M7130 型平面磨床中为什么采用电磁吸盘来夹持工件？电磁吸盘线圈为何要用直流供电而不能用交流供电？

(2) 在 M7130 型平面磨床电气控制原理图中，电磁吸盘为何要设欠电流继电器 KA？它在电路中如何起保护作用？与电磁吸盘并联的 *RC* 电路起什么作用？

任务 4　X62W 型万能铣床控制线路故障分析与检修

一、实训目的

(1) 了解 X62W 型万能铣床的基本结构和运动形式。

(2) 了解 X62W 型万能铣床的电力拖动特点及控制要求。

(3) 理解 X62W 型万能铣床的电气原理图。

(4) 掌握 X62W 型万能铣床的常见故障，并进行分析和检修。

二、实训理论基础

1. X62W 型万能铣床主要结构

铣床主要是指用铣刀在工件上加工各种表面的机床。通常铣刀旋转运动为主运动，工件和铣刀的移动为进给运动。它可以加工平面、沟槽，也可以加工各种曲面、齿轮等，还能加工比较复杂的型面，效率较刨床高，在机械制造和修理部门得到广泛应用。

X62W 型万能铣床是一种通用的多用途机床，它可以用圆柱铣刀、圆片铣刀、角度铣刀、成型铣刀及端面铣刀等刀具对各种零件进行平面、斜面、螺旋面及成型表面的加工，还可以加装万能铣头、分度头和圆工作台等机床附件来扩大加工范围。图 3-16 所示为 X62W 型万能铣床实物图。

图 3-16　X62W 型万能铣床实物图

X62W 型号的含义：X 表示铣床，6 表示卧式，2

表示 2 号工作台，W 表示万能。X62W 型万能铣床主要由床身、主轴、刀杆、横梁、工作台、回转盘、横溜板和升降台等几部分组成，如图 3-17 所示。

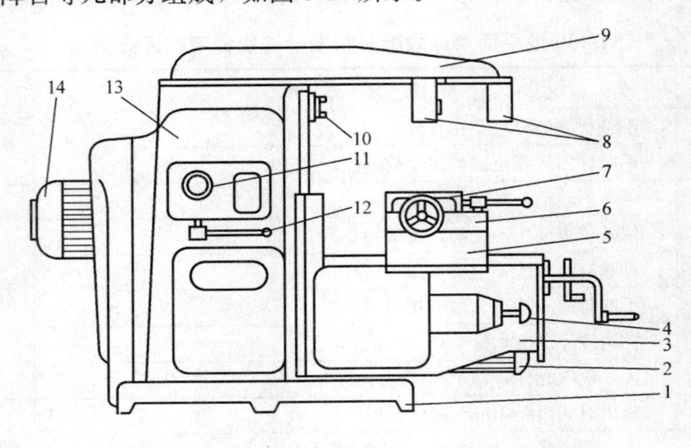

图 3-17　X62W 型万能铣床结构示意图

1—底座；2—进给电动机；3—升降台；4—进给变速手柄及变速盘；5—溜板；6—转动部分；7—工作台；8—刀架支杆；9—悬梁；10—主轴；11—主轴变速盘；12—主轴变速手柄；13—床身；14—主轴电动机

2. X62W 型万能铣床运动情况及控制要求

X62W 型万能铣床工作台面的移动是由进给电动机驱动的，它通过机械机构使工作台能进行三种形式 6 个方向的移动，即：工作台面直接在溜板上部可转动部分的导轨上作纵向（左、右）移动；工作台面借助横溜板作横向（前、后）移动；工作台面借助升降台作垂直（上、下）移动。X62W 型万能铣床运动情况及控制要求见表 3-9。

表 3-9　　X62W 型万能铣床运动情况及控制要求

运动种类	运动形式	控制要求
主运动	主轴的旋转运动	（1）机床要求有三台电动机，分别称为主轴电动机、进给电动机和冷却泵电动机 （2）由于加工时有顺铣和逆铣两种，所以要求主轴电动机能正反转及在变速时能瞬时冲动一下，以利于齿轮的啮合，并要求还能制动停车和实现两地控制 （3）工作台的三种运动形式、6 个方向的移动是依靠机械的方法来达到的，对进给电动机要求能正反转，且要求纵向、横向、垂直三种运动形式相互间应有联锁，以确保操作安全。同时要求工作台进给变速时，电动机也能瞬间冲动、快速进给及两地控制等要求 （4）冷却泵电动机只要求正转 （5）进给电动机与主轴电动机需实现两台电动的联锁控制，即主轴工作后才能进行进给
进给运动	工作台在 3 个相互垂直方向上的直线运动	
辅助运动	工作台在 3 个相互垂直方向上的快速直线移动	

3. X62W 型万能铣床电气控制线路分析

X62W 型万能铣床电气控制线路图如图 3-18 所示。电气原理图由主电路、控制电路和照明电路三部分组成。

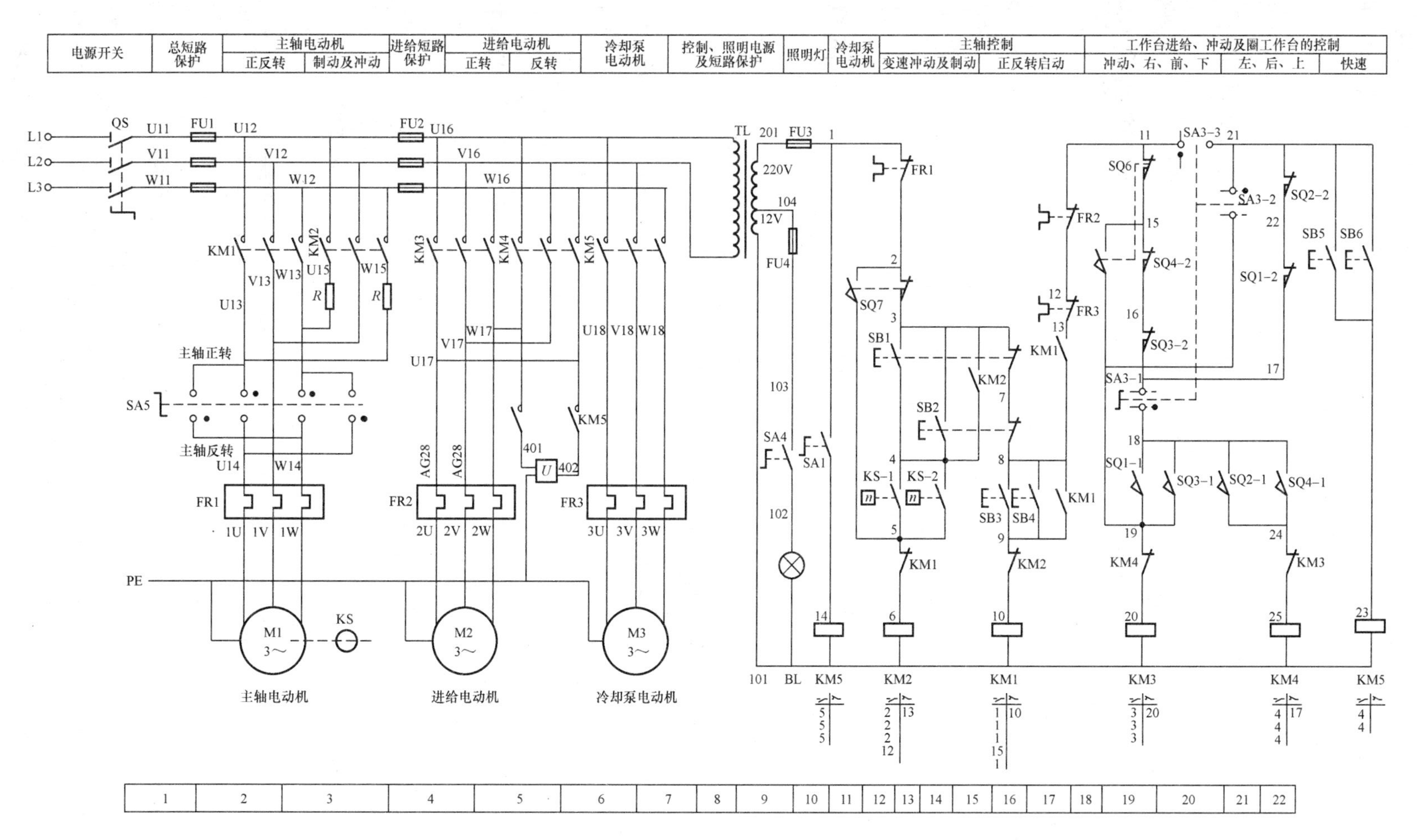

图 3-18 X62W 型万能铣床电气控制线路图

（1）主电路有三台电动机：M1 是主轴电动机，M2 是进给电动机，M3 是冷却泵电动机。

1）主轴电动机 M1 通过换相开关 SA5 与接触器 KM1 配合，能进行正反转控制，而与接触器 KM2、制动电阻器 *R* 及速度继电器的配合，能实现串电阻瞬时冲动和正反转反接制动控制，并能通过机械装置进行变速。

2）进给电动机 M2 能进行正反转控制，通过接触器 KM3、KM4 与行程开关及 KM5、牵引电磁铁 YA 配合，能实现进给变速时的瞬时冲动、6 个方向上的常速进给和快速进给控制。

3）冷却泵电动机 M3 只能正转。

4）熔断器 FU1 作机床总短路保护，也兼作 M1 的短路保护；FU2 作为 M2、M3 及控制变压器 TC、照明灯 EL 的短路保护；热继电器 FR1、FR2、FR3 分别作为 M1、M2、M3 的过载保护。

（2）控制电路。

1）主轴电动机的控制。X62W 型万能铣床主轴电动机控制图如图 3-19 所示。

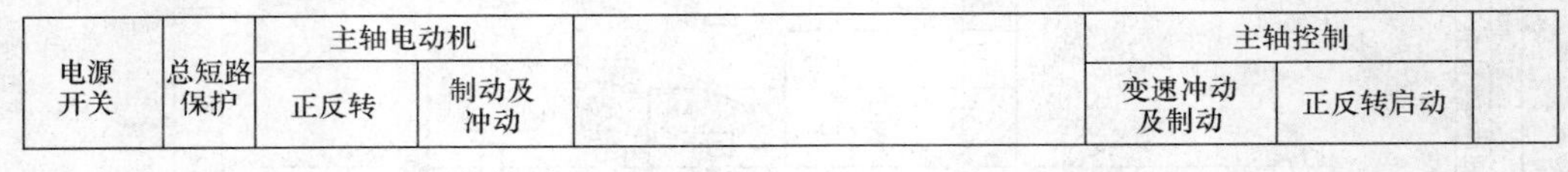

电源开关	总短路保护	主轴电动机			主轴控制		
		正反转	制动及冲动		变速冲动及制动	正反转启动	

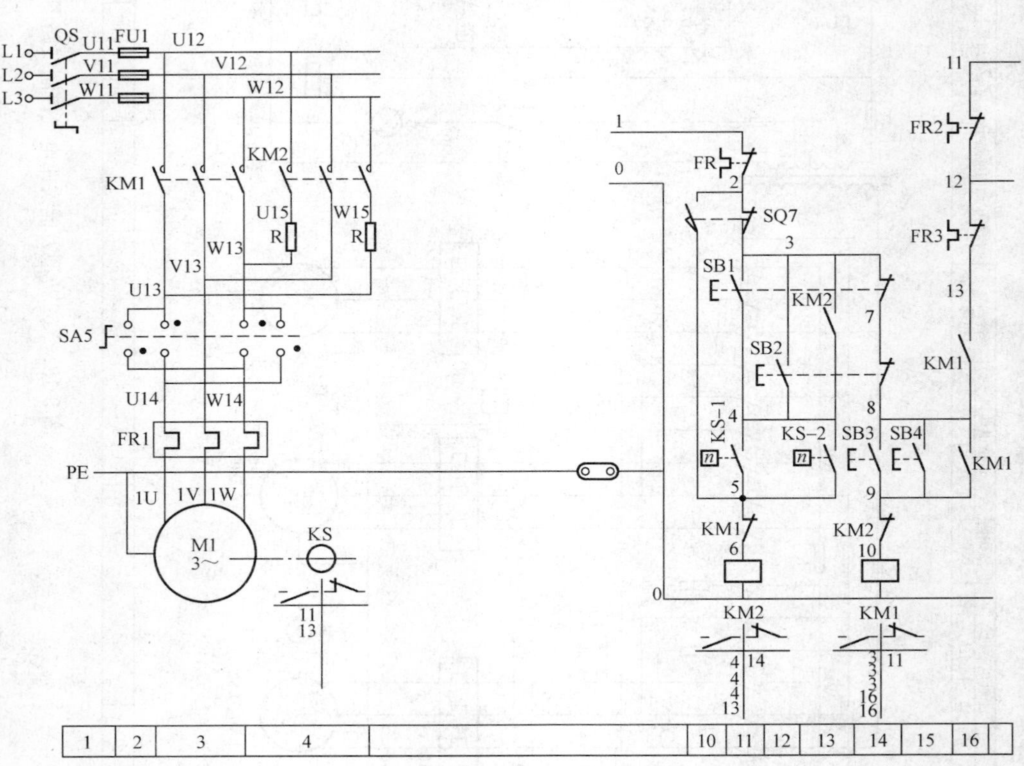

图 3-19　X62W 型万能铣床主轴电动机控制图

①SB1、SB3 与 SB2、SB4 是分别装在机床两边的停止（制动）和启动按钮，实现两地控制，方便操作。

②KM1 是主轴电动机启动控制接触器，KM2 是反接制动和主轴变速冲动控制接触器。

③SQ7 是与主轴变速手柄联动的瞬时动作行程开关。

④需启动主轴电动机时，要先将 SA5 扳到主轴电动机所需要的旋转方向，然后再按启动按

钮 SB3 或 SB4 来启动电动机 M1。

⑤M1 启动后，速度继电器 KS 的一副动合触点闭合，为主轴电动机的停转制动作好准备。

⑥停车时，按停止按钮 SB1 或 SB2 切断 KM1 电路，接通 KM2 电路，改变 M1 的电源相序进行串电阻反接制动。当 M1 的转速低于 120r/min 时，速度继电器 KS 的一副动合触点恢复断开，切断 KM2 电路，M1 停转，制动结束。

据以上分析可写出主轴电动机转动（即按 SB3 或 SB4）时控制线路的通路：1→2→3→7→8→9→10→KM1 线圈→0；主轴停止与反接制动（即按 SB1 或 SB2）时的通路：1→2→3→4→5→6→KM2 线圈→0。

⑦主轴电动机变速时的瞬动（冲动）控制是利用变速手柄与冲动行程开关 SQ7 通过机械上联动机构进行控制的。变速时，先下压变速手柄，然后拉到前面，当快要落到第二道槽时，转动变速盘，选择需要的转速。此时凸轮压下弹簧杆，使冲动行程 SQ7 的动断触点先断开，切断 KM1 线圈的电路，电动机 M1 断电；同时 SQ7 的动合触点后接通，KM2 线圈得电动作，M1 被反接制动。当手柄拉到第二道槽时，SQ7 不受凸轮控制而复位，M1 停转。接着把手柄从第二道槽推回原始位置时，凸轮又瞬时压动行程开关 SQ7，使 M1 反向瞬时冲动一下，以利于变速后的齿轮啮合。

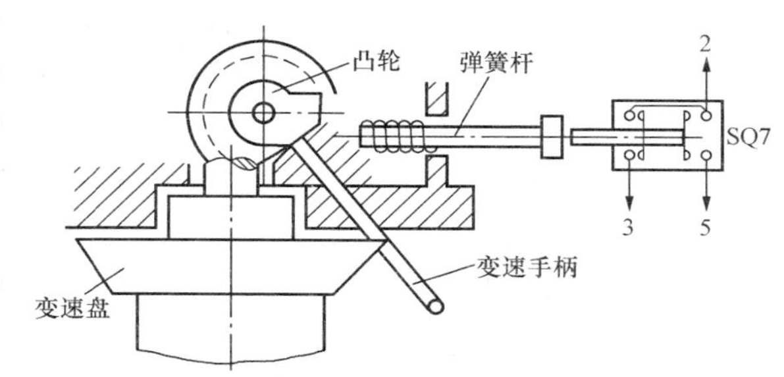

图 3-20 主轴变速冲动控制示意图

主轴变速冲动控制示意图如图 3-20 所示。

但要注意，不论是在开车还是停车时，都应以较快的速度把手柄推回原始位置，以免通电时间过长，引起 M1 转速过高而打坏齿轮。

2）工作台进给电动机的控制。工作台的纵向、横向和垂直运动都由进给电动机 M2 驱动，接触器 KM3 和 KM4 使 M2 实现正反转，用以改变进给运动方向。它的控制电路采用了与纵向运动机械操作手柄联动的行程开关 SQ1、SQ2 和横向及垂直运动机械操作手柄联动的行程开关 SQ3、SQ4，组成复合联锁控制，即在选择三种运动形式的 6 个方向移动时，只能进行其中一个方向的移动，以确保操作安全。当这两个机械操作手柄都在中间位置时，各行程开关都处于未压的原始状态，如书中附图所示。

由原理图可知：M2 在主轴电动机 M1 启动后才能启动。在机床接通电源后，将控制圆工作台的组合开关 SA3-2（21—19）扳到断开状态，使触点 SA3-1（17—18）和 SA3-3（11—21）闭合，然后按下 SB3 或 SB4，这时接触器 KM1 吸合，使 KM1（8—12）闭合，即可进行工作台的进给控制。

①工作台纵向（左右）运动的控制。工作台的纵向运动是由进给电动机 M2 驱动，由纵向操纵手柄来控制的。此手柄是复式的，一个安装在工作台底座的顶面中央部位，另一个安装在工作台底座的左下方。手柄有 3 个位置：向左、向右、零位。当手柄扳到向右或向左运动方向时，手柄的联动机构压下行程开关 SQ2 或 SQ1，使接触器 KM4 或 KM3 动作，控制进给电动机 M2 的转向。工作台左右运动的行程，可通过调整安装在工作台两端的撞铁位置进行调整。当工作台纵向运动到极限位置时，撞铁撞动纵向操纵手柄，使它回到零位，M2 停转，工作台停止运动，从而实现了纵向终端保护。

工作台向左运动：在 M1 启动后，将纵向操作手柄扳至向右位置，一方面机械接通纵向离合器，同时在电气上压下 SQ2，使 SQ2-2 断开，SQ2-1 接通，而其他控制进给运动的行程开关都处于原始位置，此时使 KM4 吸合，M2 反转，工作台向左进给运动。其控制电路的通路为：11→

15→16→17→18→24→25→KM4 线圈→0。工作台向右运动：当纵向操纵手柄扳至向左位置时，机械上仍然接通纵向进给离合器，但却压动了行程开关 SQ1，使 SQ1-2 断开，SQ1-1 通接，使 KM3 吸合，M2 正转，工作台向右进给运动，其通路为：11→15→16→17→18→19→20→KM3 线圈→0。

②工作台垂直（上下）和横向（前后）运动的控制。工作台的垂直和横向运动由垂直和横向进给手柄操纵，此手柄也是复式的，有两个完全相同的手柄分别装在工作台左侧的前方和后方。手柄的联动机械一方面压下行程开关 SQ3 或 SQ4，同时能接通垂直或横向进给离合器。操纵手柄有 5 个位置（上、下、前、后、中间），这 5 个位置是联锁的，工作台的上下和前后的终端保护是利用装在床身导轨旁与工作台座上的撞铁实现的，将操纵十字手柄撞到中间位置，使 M2 断电停转。

工作台向后（或者向上）运动的控制：将十字操纵手柄扳至向后（或者向上）位置时，机械上接通横向进给（或者垂直进给）离合器，同时压下 SQ3，使 SQ3-2 断开，SQ3-1 接通，使 KM3 吸合，M2 正转，工作台向后（或者向上）运动。其通路为：11→21→22→17→18→19→20→KM3 线圈→0。工作台向后（或者向上）运动的控制：将十字操纵手柄扳至向前（或者向下）位置时，机械上接通横向进给（或者垂直进给）离合器，同时压下 SQ4，使 SQ4-2 断开，SQ4-1 接通，使 KM4 吸合，M2 反转，工作台向前（或者向下）运动。其通路为：11→21→22→17→18→24→25→KM4 线圈→0。

③进给电动机变速时的瞬动（冲动）控制。变速时，为使齿轮易于啮合，进给变速与主轴变速一样，设有变速冲动环节。当需要进行进给变速时，应将转速盘的蘑菇形手轮向外拉出并转动转速盘，将所需进给量的标尺数字对准箭头，然后再把蘑菇形手轮用力向外拉到极限位置并随即推向原位，就在一次操纵手轮的同时，其连杆机构二次瞬时压下行程开关 SQ6，使 KM3 瞬时吸合，M2 作正向瞬动。其通路为：11→21→22→17→16→15→19→20→KM3 线圈→0，由于进给变速瞬时冲动的通电回路要经过 SQ1～SQ4 这 4 个行程开关的动断触点，因此只有当进给运动的操作手柄都在中间（停止）位置时，才能实现进给变速冲动控制，以保证操作时的安全。同时，与主轴变速时冲动控制一样，电动机的通电时间不能太长，以防止转速过高，在变速时打坏齿轮。

④工作台的快速进给控制。为提高劳动生产率，要求铣床在不作铣切加工时，工作台能快速移动。

工作台快速进给也是由进给电动机 M2 驱动的，在纵向、横向和垂直三种运动形式 6 个方向上都可以实现快速进给控制。

主轴电动机启动后，将进给操纵手柄扳到所需位置，工作台按照选定的速度和方向作常速进给移动时，再按下快速进给按钮 SB5（或 SB6），使接触器 KM5 通电吸合，接通牵引电磁铁 YA，电磁铁通过杠杆使摩擦离合器合上，减少中间传动装置，使工作台按运动方向作快速进给运动。当松开快速进给按钮时，电磁铁 YA 断电，摩擦离合器断开，快速进给运动停止，工作台仍按原常速进给时的速度继续运动。

3）圆工作台运动的控制：铣床如需铣切螺旋槽、弧形槽等曲线，可在工作台上安装圆形工作台及其传动机械，圆形工作台的回转运动也是由进给电动机 M2 传动机构驱动的。

圆工作台工作时，应先将进给操作手柄都扳到中间（停止）位置，然后将圆工作台组合开关 SA3 扳到圆工作台接通位置。此时 SA3-1 断开，SA3-3 断开，SA3-2 接通。准备就绪后，按下主轴启动按钮 SB3 或 SB4，则接触器 KM1 与 KM3 相继吸合，主轴电动机 M1 与进给电动机 M2 相继启动并运转，而进给电动机仅以正转方向带动圆工作台作定向回转运动。其通路为：11→15→

16→17→22→21→19→20→KM3 线圈→0。由上可知，圆工作台与工作台进给设有互锁，即当圆工作台工作时，不允许工作台在纵向、横向、垂直方向上有任何运动。若因误操作而扳动进给运动操纵手柄（即压下 SQ1-SQ4、SQ6 中任一个），M2 即停转。

三、常用工具及仪器仪表的准备

（1）实训工具：常用电工工具、X62W 型万能铣床实训台、万用表、绝缘电阻表、钳形电流表等。

（2）实习场地准备：

1）实习场地每个位置至少保证 $4m^2$ 的面积，每个位置有固定台面且采光良好，工作面的光照强度不小于 100lx，不足部分采用局部照明补充。

2）实习场地应干净整洁，无环境干扰，空气新鲜，每个位置应准备的材料、设备、工具应齐全。

四、操作要点及要求

（1）安装电气元件时，必须按电气布置图安装，并做到元件安装牢固、排列整齐、均匀、合理。紧固元件时要用力均匀，紧固度适当，以防元件损坏。

（2）内部布线应平直、整齐、紧贴敷设面、走线合理，触点不得松动、不露铜、不反圈、不压绝缘层等，并符合工艺要求。

（3）布线完工之后，必须对控制电路进行全面检查。

五、故障分析与检修

1. 常见故障检修

铣床电气控制线路与机械系统的配合十分密切，其电气控制线路的正常工作往往与机械系统的正常工作是分不开的，这就是铣床电气控制线路的特点。正确判断是电气故障还是机械故障和熟悉机电部分的配合情况，是迅速排除电气故障的关键。这就要求维修电工不仅要熟悉电气控制线路的工作原理，而且还要熟悉有关机械系统的工作原理及机床操作方法。下面通过几个实例来叙述 X62W 型万能铣床的常见故障及其排除方法。

（1）主轴停车时无制动。主轴无制动时要首先检查按下停止按钮 SB1 或 SB2 后，反接制动接触器 KM2 是否吸合，若 KM2 不吸合，则故障原因一定在控制电路部分，检查时可先操作主轴变速冲动手柄，若有冲动，故障范围就缩小到速度继电器和按钮支路上。若 KM2 吸合，则故障原因就较复杂一些，其故障原因之一，是主电路的 KM2、R 制动支路中，至少有缺一相的故障存在；其二是，速度继电器的动合触点过早断开，但在检查时只要仔细观察故障现象，这两种故障原因是能够区别的，前者的故障现象是完全没有制动作用，而后者则是制动效果不明显。

由以上分析可知，主轴停车时无制动的故障较多是由于速度继电器 KS 产生故障引起的。如 KS 动合触点不能正确动作，其原因有推动触点的胶木摆杆断裂，KS 轴伸端圆销扭弯、磨损或弹性连接元件损坏，螺丝销钉松动或打滑等。若 KS 动合触点过早断开，其原因有 KS 动触点的反力弹簧调节过紧、KS 的永久磁铁转子的磁性衰减等。

（2）主轴停车后产生短时反向旋转。这一故障一般是由速度继电器 KS 动触点弹簧调整得过松，使触点分断过迟引起的，只要重新调整反力弹簧便可消除故障。

（3）按下停止按钮后主轴电动机不停转。产生故障的原因有：接触器 KM1 主触点熔焊；反接制动时两相运行；SB3 或 SB4 在启动 M1 后绝缘被击穿。这三种故障原因在故障的现象上是能够加以区别的：如按下停止按钮后，KM1 不释放，则故障可断定是由 KM1 主触点熔焊引起的；如按下停止按钮后，接触器的动作顺序正确，即 KM1 能释放，KM2 能吸合，同时伴有嗡嗡声或转速过低，则可断定是制动时主电路有缺相故障存在；若制动时接触器动作顺序正确，电动机也能进行反接制动，但放开停止按钮后，电动机又再次自启动，则可断定故障是由启动按钮绝缘击穿引起的。

（4）工作台不能作向上进给运动。由于铣床电气控制线路与机械系统的配合密切和工作台向上进给运动的控制处于多回路线路之中，因此不宜采用按部就班地逐步检查的方法。在检查时，可先依次进行快速进给、进给变速冲动或圆工作台向前进给，向左进给及向后进给的控制，来逐步缩小故障的范围（一般可从中间环节的控制开始），然后再逐个检查故障范围内的元器件、触点、导线及接点，来查出故障点。在实际检查时，还必须考虑到由于机械磨损或移位使操纵失灵等因素，若发现此类故障，应与机修钳工互相配合进行修理。

下面假设故障点在图区 20 上行程开关 SQ4-1 由于安装螺钉松动而移动位置，造成操纵手柄虽然到位，但触点 SQ4-1（18—24）仍不能闭合，在检查时，若进行进给变速冲动控制正常后，也就说明在向上进给回路中，线路 11→21→22→17 是完好的，再通过向左进给控制正常，又能排除线路 17→18 和 24→25→0 存在故障的可能性。这样就将故障的范围缩小到 18→SQ4-1→24 的范围内。再经过仔细检查或测量，就能很快找出故障点。

（5）工作台不能作纵向进给运动。应先检查横向或垂直进给是否正常，如果正常，说明进给电动机 M2、主电路、接触器 KM3、KM4 及纵向进给相关的公共支路都正常，此时应重点检查图区 17 上的行程开关 SQ6（11—15）、SQ4-2 及 SQ3-2，即线号为 11→15→16→17 的支路，因为只要三对动断触点中有一对不能闭合或有一根线头脱落就会使纵向不能进给。然后再检查进给变速冲动是否正常，如果也正常，则故障的范围已缩小到在 SQ6（11—15）及 SQ1-1、SQ2-1 上，但一般 SQ1-1、SQ2-1 两副动合触点同时发生故障的可能性甚小，而 SQ6（11—15）由于进给变速时，常因用力过猛而容易损坏，所以可先检查 SQ6（11—15）触点，直至找到故障点并予以排除。

（6）工作台各个方面都不能进给。可先进行进给变速冲动或圆工作台控制，如果正常，则故障可能在开关 SA3-1 及引接线 17、18 上，若进给变速也不能工作，要注意接触器 KM3 是否吸合，如果 KM3 不能吸合，则故障可能发生在控制电路的电源部分，即 11→15→16→18→20 支路及 0 号线上，若 KM3 能吸合，则应着重检查主电路，包括电动机的接线及绕组是否存在故障。

（7）工作台不能快速进给。常见的故障是牵引电磁铁电路不通，此类故障多数是由线头脱落、线圈损坏或机械卡死引起的。如果按下 SB5 或 SB6 后接触器 KM5 不吸合，则故障在控制电路部分，若 KM5 能吸合，且牵引电磁铁 YA 也吸合正常，则故障大多是由于杠杆卡死或离合器摩擦片间隙调整不当引起的，应与机修钳工配合进行修理。需强调的是，由于这两条支路是并联的，在检查 11→15→16→17 支路和 11→21→22→17 支路时，一定要把开关 SA3 扳到中间位置，否则将检查不出故障点。

2. 检修步骤及要求

在进行故障分析与检修时，应遵循以下原则。

（1）在实训老师的指导下，对磨床进行检修操作，了解 X62W 型万能铣床的各种工作状态及操作方法。

（2）在实训老师的指导下，参照给定的电气布置图和电气接线图，熟悉 X62W 型万能铣床各电气元件的分布及走线。

（3）在 X62W 型万能铣床上人为设置自然故障点，由实训老师示范检修，检修时应参照以下步骤和要求。

1）通电试车时，引导学生注意观察故障现象，并分析引起故障的原因。

2）根据故障现象，采用本书模块一中介绍的故障分析方法，确定故障范围，并根据相应的检查方法确定故障点。

3）采用相应的正确方法排除故障，使得机床恢复正常工作。

（4）实训老师设置故障点，由学生检修，设置故障点时，应遵循以下原则。

1）所设置故障点应为自然故障点，切忌设置更改线路的非自然故障点。

2）应该根据学生掌握程度设置故障点的数量和难易程度。

3）设置多个故障点时，故障现象尽可能不互相掩盖，尽可能不在同一线路上设置重复故障。

4）所设置的故障点应不会造成人身伤害和设备事故。

5）学生故障排除完进行试车时应在老师的监视指导下进行。

六、考核评分

X62W 型万能铣床故障分析及检修实训考核评分标准见表 3-10。

表 3-10　X62W 型万能铣床故障分析及检修实训考核评分标准

<table>
<tr><th>序号</th><th>内　容</th><th colspan="3">评　分　标　准</th><th>分　值</th><th>得　分</th></tr>
<tr><td rowspan="2">1</td><td rowspan="2">故障分析</td><td colspan="3">不进行故障分析，扣 5 分</td><td rowspan="2">30</td><td></td></tr>
<tr><td colspan="3">不能标出故障范围的，每个故障点扣 10 分</td><td></td></tr>
<tr><td rowspan="6">2</td><td rowspan="6">故障排除</td><td colspan="3">停电不验电，每次扣 5 分</td><td rowspan="6">70</td><td></td></tr>
<tr><td colspan="3">仪器仪表使用不正确，每次扣 5 分</td><td></td></tr>
<tr><td colspan="3">排除故障方法不正确，扣 10 分</td><td></td></tr>
<tr><td colspan="3">不能排除故障点，每个扣 30 分</td><td></td></tr>
<tr><td colspan="3">扩大故障范围，每个扣 35 分</td><td></td></tr>
<tr><td colspan="3">损坏电气元件，每个扣 35 分</td><td></td></tr>
<tr><td>3</td><td>时间定额 1h</td><td colspan="3">超出时间以每 1min 扣 1 分计算</td><td></td><td></td></tr>
<tr><td>4</td><td>开始时间</td><td></td><td>结束时间</td><td></td><td>实际时间</td><td></td></tr>
</table>

七、思考题

（1）简述 X62W 型万能铣床工作台在各方向上的运动过程，包括慢速进给和快速移动的控制过程，并说明主轴变速及制动控制过程，主轴运动与工作台运动联锁关系是什么？

（2）在 X62W 型万能铣床控制线路中，变速冲动控制环节的作用是什么？简述控制过程。

（3）简述 X62W 型万能铣床控制线路中工作台 6 个方向进给联锁保护的工作原理。

（4）在 X62W 型万能铣床控制电路中，若发生下列故障，试分别分析其故障原因。

① 主轴停车时，正、反方向都没有制动作用。

② 在进给运动中，不能向前右运动，能向后左运动，也不能实现圆工作台运动。

任务 5　灯光监视断路器的控制回路安装与调试

一、实训目的

（1）掌握灯光监视断路器控制回路的工作原理以及电路的功能特点。

（2）了解断路器控制回路能安全可靠地工作，所必须满足合闸及分闸监视的基本要求及其重要性。

（3）结合模拟控制盘控制开关的触点图表、图形符号表，学会开关的操作方法、控制回路的安装及调试。

二、实训理论基础

发电厂、变电站的电气设备一般由断路器进行控制，断路器分合闸利用操作元件通过控制回路对断路器的操作机构发出指令进行操作。

控制回路的类型组成及要求如下。

（1）按控制距离分：就地控制和距离控制。

（2）按控制方式分：一对 N 控制。

（3）按操作电源电压和电流大小分：强电控制和弱电控制。

（4）按操作电源性质分：直流操作和交流操作。

（5）按自动化程度分：手动控制和自动控制。

强电控制采用较高电压（直流 110V 或 220V）和较大电流（交流 5A），弱电控制采用较低电压（直流 60V 以下，交流 50V 以下）和较小电流（交流 0.5～1A）。

1. 断路器控制回路的基本要求

（1）断路器操作机构中的合、跳闸线圈是按短时通电设计的，故在合、跳闸完成后应自动解除命令脉冲，切断合、跳闸回路，以防合、跳闸线圈长时间通电。

（2）合、跳闸电流脉冲一般应直接作用于断路器的合、跳闸线圈，对于电磁操动机构，由于合闸线圈电流很大（35～250A 左右），须通过合闸接触器接通合闸线圈。

（3）无论断路器是否带有机械闭锁，都应具有防止多次合、跳闸的电气防跳措施。

（4）断路器既可利用控制开关进行手动跳闸与合闸，又可由继电保护和自动装置完成自动跳闸与合闸。

（5）应能监视控制电源及合、跳闸回路的完好性；能对二次回路短路或负荷进行保护。

图 3-21　LW2-Z 型开关实物图

（6）应有反映断路器状态和自动合、跳闸位置的显示信号。

（7）接线应简单可靠，使用电缆芯数应尽量少。

2. 控制回路组成

（1）控制元件：由手动操作的控制开关 SA 和自动操作的自动装置与继电保护装置的相应继电器触点构成。目前采用 LW2 系列组合式开关，又称控制开关（SA），是控制回路的控制元件，由运行人员直接操作，发出命令脉冲，使断路器合、跳闸，因而又称为“万能转换开关”。目前，发电厂、变电站常采用 LW2 系列自动复位控制开关，如图 3-21、图 3-22 所示。

在发电厂和变电站的工程图中，控制开关的应用十分普遍，常将控制开关 SA 触点的通断情况用触点图表或图形符号表表示，如图 3-23、图 3-24 所示。触点图表是用于表明控制开关的操作手柄在不同位置时，触点盒内各触点通断情况的图表。

图形符号表中的 6 条垂直虚线分别表示控制开关手柄的 6 个不同的操作位置：C 表示合闸、PC 表示预备合闸、CD 表示合闸后、T 表示跳闸、PT 表示预备跳闸、TD 表示跳闸后。水平线表示端子引线，中间 1—3、2—4 等表示触点号，靠近水平线下方的黑点表示该触点在此位置时是接通的，否则是断开的。在实际工程图中，一般只将其有关部分画出。

（2）采用电磁操动机构。电磁操动机构是靠电磁力进行合闸的机构，合闸电流很大，可达几

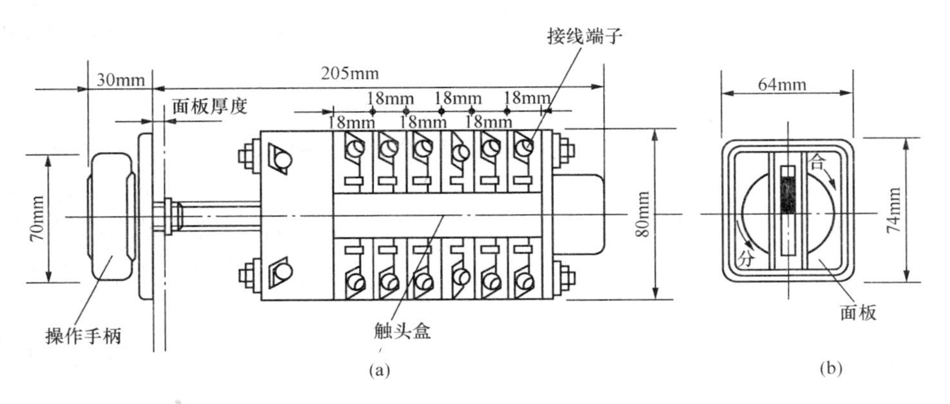

图 3-22 LW2-Z 型开关结构图

(a) 控制开关外形图；(b) 控制开关左视图

在“分闸后”位置的手柄(正面)的样式和触点盒(背面)接线图		合 / 分	1 2 4 3		5 6 8 7		9 10 12 11			13 14 16 15			17 18 20 19			21 22 24 23		
手柄和触点盒型式		F8	1a		4		6a			40			20			20		
触点号		—	1–3	2–4	5–8	6–7	9–10	9–12	10–11	13–14	14–15	13–16	17–19	17–18	18–20	21–23	21–22	22–24
位置	分闸后		–	×	–	–	–	–	×	–	×	–	–	–	×	–	–	×
	预备合闸		×	–	–	–	×	–	–	×	–	–	–	×	–	–	×	–
	合闸		–	–	×	–	–	×	–	–	–	×	×	–	–	×	–	–
	合闸后		×	–	–	–	×	–	–	–	–	×	×	–	–	×	–	–
	预备分闸		–	×	–	–	–	–	×	×	–	–	–	×	–	–	×	–
	分闸		–	–	–	×	–	–	×	–	×	–	–	–	×	–	–	×

图中“ ×”表示触点为接通状态，“ –”表示触点为断开状态。

图 3-23 LW2 型控制开关的触点图表

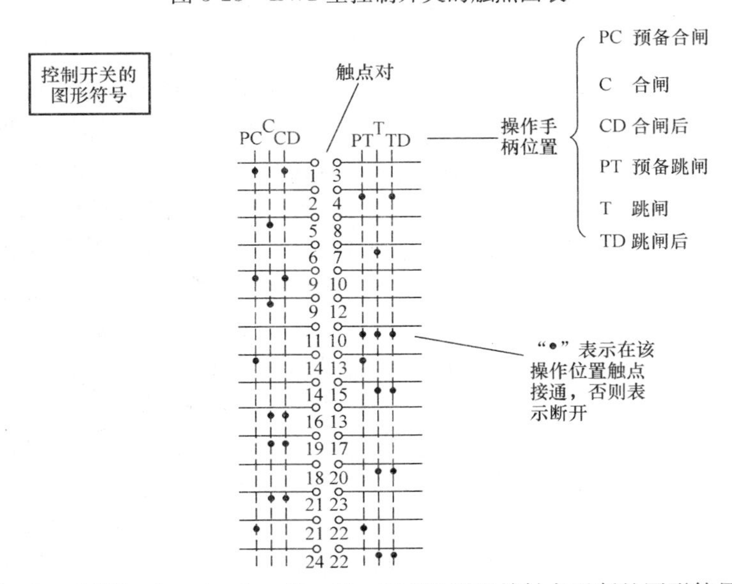

图 3-24 LW2-z-1a、4、6a、40、20、20/F8 型开关触点通断的图形符号表

十安到数百安，是断路器本身附带的合、跳闸传动装置，用来使断路器合闸或维持闭合状态，或使断路器跳闸。

3. 灯光监视电磁操动机构断路器的控制回路动作原理

灯光监视断路器的控制信号回路较其他回路结构简单；合闸与分闸位置有红、绿灯指示；自动跳闸或自动合闸时有明显的闪光信号；能监视控制电路熔断器的工作状态及分合闸回路的完整性，即能较好地进行监控，是发电厂、变电站常用的控制电路，其控制原理图如图 3-25 所示。

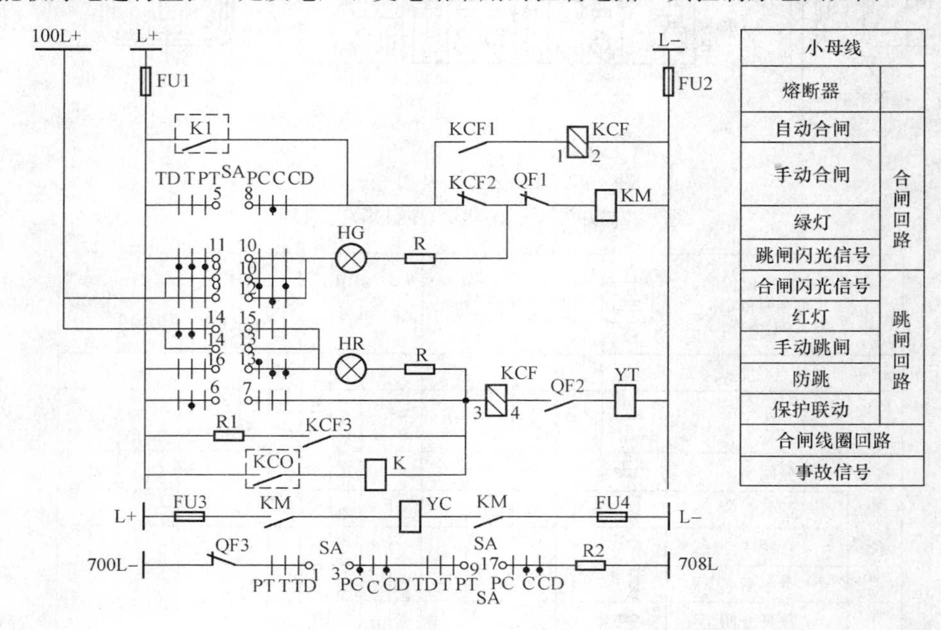

图 3-25 灯光监视的电磁操动机构断路器控制回路动作原理图

SA—控制开关；K—信号继电器；KCF—防跳继电器；R1、R2、R—限流电阻器；KM—合闸接触器；YC—合闸线圈；YT—跳闸线圈；KCO—保护出口继电器；K1—自动合闸装置；100L_+—闪光小母线；L_+、L_-—控制小母线；708L—事故音响信号小母线；700L—信号小母线

（1）在跳闸状态。断路器处于跳闸状态时，其 QF1（辅助动断触点）是闭合的。正常情况下，控制开关 SA 处于“跳闸后”位置，SA11-10 触点接通，绿灯 HG 发平光，其通路为 L_+→FU1→SA11-10→HG→R→QF1→KM→FU2→L_-。绿灯发平光表明断路器正处于跳闸状态，控制开关手柄位置与断路器实际位置应相对应，同时监视控制电源和合闸接触器回路的完好性。此时，合闸接触器 KM 线圈虽然有电流流过，但电流较小，电磁力作用不足以使合闸接触器动作，即断路器不能合闸，因为合闸线圈的电阻与信号灯的电阻（包括附加电阻）相比小得多，大部分压降在信号灯上。为了防止灯丝短路时，引起断路器合闸接触器线圈的瞬时电流过大，从而造成断路器误合闸，在指示灯 HG 上还附加了一个附加电阻 R。

（2）手动合闸。合闸前断路器处于跳闸状态，其 QF1（辅助动断触点）闭合；同时，控制开关SA 手柄处于“跳闸后”位置。此时，将控制开关 SA 手柄顺时针方向旋转 90°处于“预备合闸”位置，此时 SA9-10、14-13 触点接通，而控制开关 SA11-10 触点断开，绿灯亮闪光，其通路为 100L_+→SA9-10→HG→R→QF1→KM→FU2→L_-，提醒运行人员最后一次操作的断路器是否正确。此时，由于断路器仍在跳闸状态，故其 QF2（动合触点）断开，红灯回路断开。然后继续将万能转换开关 SA 顺时针旋转 45°至合闸位置，此时 SA5-8 触点接通，将信号灯 HG 及其附加电阻 R 短接，使全部电压都加在合闸线圈上使其可靠动作，其通路为 L_+→FU1→SA5-8→

KCF2→QF1→KM→FU2→L_-，开关合闸，合闸接触器 KM 动作，合闸接触器 KM 的两个动合触点闭合，接通回路 100L_+→KM 动合触点→KM 线圈→KM 动合触点→L_-，绿灯熄灭，松开后控制开关 SA 自动弹回竖直方向，此时控制开关 SA 的位置为“合闸后”状态，其 13-16 触点接通，红灯 HR 亮平光，其通路为 L_+→FU1→SA13-16→HR→R→KCF3-4→QF2→YT→FU2→L_-。

红灯 HR 亮平光表示断路器处于合闸状态，控制开关 SA 手柄位置与断路器实际位置相对应；同时查看监视控制电源及跳闸回路是否完好。

断路器合闸后，其 QF1（动断触点）断开，切断了合闸接触器 KM 线圈所在的回路，合闸接触器 KM 返回，其动合触点断开，切断了合闸线圈 YC 所在的回路，保证了合闸线圈 YC 短时带电。

（3）自动合闸。当自动装置动作使断路器合闸时，采用控制开关与断路器位置不对应启动原则，使闪光电路启动，给运行人员一个明显的闪光信号。断路器的自动合闸是由自动装置完成的，自动装置 K1 的动合触点的作用与控制开关 SA 的触点 5-8 的作用相同，将绿灯与附加电阻短接，合闸接触器 KM 线圈中通过足够大的电流而动作，使断路器合闸。自动合闸时，由于未操作控制开关，所以控制开关 SA 的手柄仍在“跳闸后”位置，其触点 14-15 是接通的。断路器 QF 已合闸，其动断触点断开，绿灯熄灭；断路器 QF 动合触点闭合，接通回路，启动闪光信号，其通路为：L_+→SA14-15→HR→R→KCF3-4→QF2→YT→FU2→L_-。

（4）手动跳闸。断路器处于合闸状态时，其 QF2（动合触点）闭合，红灯亮平光。此时手动跳闸时，首先将控制开关 SA 手柄由“合闸后”的垂直位置顺时针旋转 90°至“预备跳闸”的水平位置，此时 SA13-14 触点接通，SA13-16 触点断开。红灯发闪光，其通路为：100L_+→FU1→SA14-13→HR→R→KCF3-4→QF2→YT→FU2→L_-，提醒运行人员最后一次检查操作的断路器是否正确。然后继续将控制开关 SA 逆时针旋转 45°至分闸位置，此时 SA6-7 触点接通，将信号灯 HG 及其附加电阻 R 短接，使全部电压都加在分闸线圈 YT 上使其可靠动作，其通路为：L_+→SA6-7→KCF3-4→QF2→YT→FU2→L_-。线圈 YT 因通过较大的电流而使断路器跳闸。断路器跳闸后，其 QF2（动合触点）断开，切断了断路器跳闸线圈所在的回路，红灯熄灭，也保证了断路器跳闸线圈短时带电。断路器动断触点 QF1 闭合，松手后自动弹回水平方向，此时控制开关 SA 为分闸后状态，触点 SA10-11 接通，绿灯亮平光，其通路为：L_+→FU1→SA6-7→KCF3-4→QF2→YT→FU2→L_-。

（5）自动跳闸。当继电保护装置动作使断路器跳闸时，采用控制开关与断路器位置不对应启动原则，启动闪光电路，给运行人员一个明显的闪光信号。如果线路或其他一次设备出现故障时，继电保护装置动作，从而引起保护出口继电器 KCO 动作，其动合触点闭合。KCO 动合触点闭合与控制开关 SA6-7 触点接通作用相同，都使断路器跳闸线圈中通过足够大的电流而导致断路器跳闸。断路器动合触点 QF2 断开，导致红灯熄灭；控制开关 SA 手柄因没有操作仍然在“合闸后”位置，其 9-10、1-3、19-17 触点接通。SA9-10 触点接通，其通路为：100L_+→FU1→SA9-10→HG→R→QF1→KM→L_-，所以绿灯闪光。断路器事故跳闸后，QF3（动断触点）闭合，又由于控制开关 SA1-3、19-17 触点接通，接通了中央事故信号发出音响信号。

（6）“防跳”回路。断路器在手动或自动装置动作合闸后，由于合闸信号的存在，保护动作使断路器跳闸而发生的反复跳合的现象称为断路器的跳跃。所谓的“防跳”就是利用操动机构本身的机械闭锁或在操作接线上采取措施以防止这种“跳跃”的发生。在图 3-25 中，KCF 为专设的防跳继电器。防跳继电器 KCF 有两个线圈：一个是电流线圈 KCF3-4，另一个是电压线圈 KCF1-2。控制开关 SA5-8 触点接通合闸回路，使断路器合闸。在断路器主触点闭合，控制开关手柄尚未复位或其触点被卡住期间，若一次回路有故障，则继电保护动作，保护出口继电器KCO（动合触点）闭合，断路器QF迅速跳闸。同时，防跳继电器因其KCF3-4（电流线圈）中通过足够大电流而动作，其KCF2（动断触点）断开，断开断路器合闸回路，避免再次合闸；防跳继电器KCF1（动合触点）闭合，防跳继电器KCF1-2（电压线圈）经控制开关SA5-8触点接至控制母线的正极，防跳继电器KCF实现自保持，即使防跳继电器KCF3-4（电流线圈）断电后，KCF2仍能闭锁合闸回路，直到控制开关SA的手柄复位返回，触点5-8断开，才能解除防跳继电器KCF的自保持作用，断路器才允许再次合闸，从而达到防跳的目的。

防跳继电器KCF3（动合触点）的作用是保护出口继电器KCO的触点不因切断较大的跳闸电流而被烧坏。因为断路器QF自动跳闸时，KCO的触点可能较跳闸回路的断路器QF2（辅助触点）先断开。在事故跳闸时，防跳继电器KCF动作，其KCF3（动合触点）闭合，由于防跳继电器动合触点断开时，防跳继电器KCF3（动合触点）还在合位，因而出口继电器KCO（动合触点）得到了保护。

触点KCF3串联的电阻R1的作用：当继电保护出口继电器KCO的触点串接电流型的信号继电器KS时，继电保护出口继电器KCO的触点闭合将使继电器L线圈中流过跳闸电流，当KS来不及掉牌而防跳继电器KCF3（动合触点）已经闭合时，若无此电阻R1，信号继电器KS将失电而不能掉牌。串接电阻R1，可以使防跳继电器KCF3（动合触点）闭合后，信号继电器KS的线圈中仍有电流通过，保证信号继电器KS可靠掉牌。若继电保护出口继电器触点不串接信号继电器线圈，则电阻R1可以取消。

三、常用工具及仪器仪表的准备

1. 材料、设备准备

材料、设备明细表见表3-11。

表3-11　　材料、设备明细表

序号	名　称	型号　规格	单　位	数　量	备　注
1	断路器	ZN5-10	台	1	附操动机构
2	绿色信号灯	XD-5　220V	只	1	
3	红色信号灯	XD-5　220V	只	1	
4	控制开关	LW2-2　XD-10. 4、6a、40、20/F8	组	1	
5	熔断器	R1-10/4A	只	2	
6	导线	BV1. 5mm^2	米	8	
7	防跳跃中间继电器	DZB-115/220V	只	1	
8	电阻	ZG11-25　1000Ω25W	只	3	
9	直流电源	220V	组	1	
10	模拟控制盘	自制	只	1	

2. 工具准备

常用电工工具：尖嘴钳、剥线钳、电流表、万用表、电压表、活络扳手、绝缘电阻表、调压器、刀开关、滑线电阻、绝缘导线。

3. 实训场地准备

(1) 实训场地每个位置至少保证2m^{2}的面积，每个位置有固定的模拟控制盘且采光良好，工作面的光照强度不小于100lx，不足部分采用局部照明补充。

(2) 实训场地应干净整洁，无环境干扰，空气新鲜，每个位置应准备的材料、设备、工具应齐全。

四、操作要点及要求

(1) 仔细阅读原理接线图，如图 3-25 所示，并在图上编号，绘制安装接线图。

(2) 拆除全部线路及电气元件。

(3) 在材料、设备明细表上标注所需电气元件的型号、规格、数量，并检查电路元件的质量。

(4) 安装电气元件时，必须按电气布置图安装，并做到元件安装牢固、排列整齐、均匀、合理。紧固元件时要用力均匀，紧固度适当，以防元件损坏。

(5) 电气元件、不带电金属外壳或底板的接线端子板应可靠接地，严禁损伤线芯和导线绝缘。

(6) 用导线进行合理布线，配线前一定要根据要求选择出合适的导线，所谓合适是指导线的种类和线径都应符合要求。

(7) 按图 3-25 所示的断路器控制回路进行安装接线。内部布线应平直、整齐、紧贴敷设面、走线合理，触点不得松动、不露铜、不反圈、不压绝缘层等，并符合工艺要求。

(8) 布线完工之后，必须对控制电路进行全面检查。

(9) 根据直流接触器、跳闸线圈、合闸线圈、信号指示灯的额定参数选择操作电源的电压，本实训装置使用直流 220V。

(10) 经指导教师检查上述接线确定无误后，接入电源进行控制回路动作调试。通过操作与观察，深入理解灯光监视的断路器控制回路中各个元件及接点的作用。

(11) 操作时转换开关不能返回得太快，否则开关合闸不到位。

(12) 不要短时频繁合切，电磁操动机构的开关，否则电磁合闸线圈发热，电阻增大，吸力下降。

(13) 防跳回路的选择与跳闸线圈阻值一并考虑，应保证防跳继电器电流启动线圈灵敏度。

五、考核评分

灯光监视断路器控制电路考核评分标准见表 3-12。

表 3-12　　灯光监视断路器控制电路考核评分标准

序号	内　容	评　分　标　准	分　值	得　分
1	绘图	(1) 图纸不整洁，扣 1 分 (2) 画错，扣 5 分	10	
2	元器件固定	(1) 元器件排列合理、整齐，错一处扣 1 分 (2) 元器件安装不牢固，元器件安装时漏装螺钉，每错一处扣 1 分	10	
3	接线工艺	(1) 导线连接不可靠，扣 1 分 (2) 剥皮不适当，扣 0.5 分 (3) 未横平竖直，扣 1 分 (4) 排线方法不正确，扣 2 分 (5) 中间接头接错每个扣 3 分 (6) 绑扎不牢固、线卡间距不符合要求，每处扣 1 分	15	
4	接线正确	(1) 电气元件、仪表使用不正确，扣 3 分 (2) 连线不正确，扣 5 分	20	

续表

序号	内容	评分标准	分值	得分
5	通电调试	(1) 一次通电不成功，扣 5 分 (2) 二次通电不成功，扣 10 分 (3) 三次通电不成功，扣 15 分	15	
6	材料消耗	(1) 导线每超过 1m 扣 2 分 (2) 线卡每超过 2 个扣 1 分	10	
7	安全操作	文明施工，综合参考	10	
8	时间	每超过 1min 扣一分	10	
9	总分		100	

六、思考题

(1) 断路器的控制开关有何作用？有哪 6 个位置？

(2) 为什么控制回路能监视回路本身的完整性和操作电源的情况？在图 3-25 所示电路中，如何实现断路器在合闸位置时能监视跳闸回路的完整性以及如何实现断路器在跳闸位置时也能监视合闸回路的完整性？

(3) 分析图 3-25 所示控制电路，在分、合闸动作时该控制回路是如何实现短时接通的？当动作完成后，分、合闸线圈回路是如何自动断开的？

(4) 图 3-25 所示控制电路中的红灯、绿灯分别表示断路器在什么状态？

(5) 图 3-25 所示控制电路中的哪一个接点是由继电保护引入实现自动分闸的？如要由自动装置实现自动合闸，控制触点应引入电路的哪个回路？

七、实训报告要求

(1) 在安装接线及调试结束后，要认真分析控制电路的动作过程，结合电路原理，针对上述思考题写出实训报告。

(2) 写出实训体会，提出改进意见。

模块四 PLC 应用实训

任务1 GX Developer编程软件使用实训

一、实训目的

（1）熟悉 GX Developer 软件界面。

（2）掌握梯形图的基本输入操作。

（3）掌握利用 PLC 编程软件进行编辑、调试、仿真等操作的方法。

二、实训器材

（1）安装有 FX_{2N}系列 PLC 编程软件 GX Developer 的 PC。

（2）PLC 实训台或 FX_{2N}PLC 装置、可扩展模块若干个。

（3）编程通信电缆线。

三、实训内容

1. 编程软件简介

GX Developer 是三菱电机公司开发的用于三菱全系列可编程控制器的编程软件，该软件集成了项目管理、程序编辑、编译链接、模拟仿真、程序调试和 PLC 通信等功能。下面将通过电动机正反转实例对 FX_{2N}系列 PLC 编程软件 GX Developer 的使用方法进行详细介绍。

2. 程序输入

（1）建立工程。程序安装后，在程序菜单选中“MELSOFT 应用程序”→“GX Developer”命令，单击即可运行该程序。在菜单栏的“工程”菜单中选择“创建新工程”命令，出现如图4-1所示的“创建新工程”对话框。

在图 4-1 所示对话框中的“PLC 系列”中选出所使用的 CPU 系列（如选用“FX CPU”系列）；“PLC 类型”是指机器的型号，如为 FX_{2N} 系列则选中“$FX_{2N(C)}$”；在“程序类型”中可选择“梯形图”；“生成和程序名同名的软元件内存数据”可不选择；选中“设置工程名”复选框，输入路径、工程名。单击“确定”按钮，出现如图 4-2 所示编程窗口。该窗口中心空白域为梯形图程序编辑域，最左边是左母线，蓝色框表示现在可写入区域，该空白域上方有菜单和编程元件图标，单击相应图标就可得到所需的线圈、触点等。

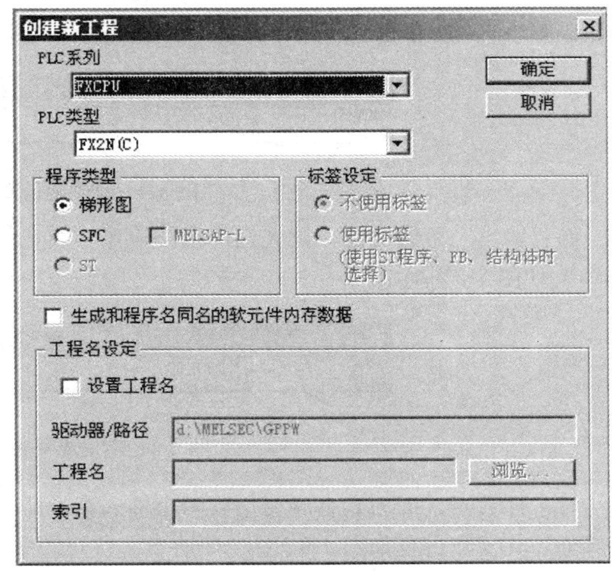

图 4-1 “创建新工程”对话框

（2）程序输入。图 4-3 所示为编程窗

图 4-2　编程窗口

口内的菜单按钮。

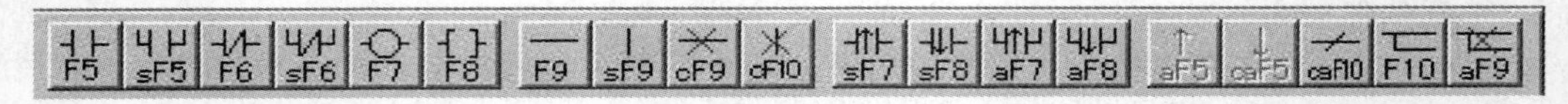

图 4-3　梯形图符号

若将光标指向某一菜单按钮，在其左下角就会显示其功能；或者打开菜单上的“帮助”，可找到一些快捷键列表、特殊继电器/寄存器等信息。

如要在编程窗口某处设置 X0 动合触点，则通过鼠标把蓝色光标移动到所需地方，然后在菜单上选中动合触点（或按 F5 键），出现如图 4-4 所示的对话框后，再输入 X0（默认为 X000），即可完成写入 X0 动合触点的操作。输入动断触点时则单击 F6 按钮或按 F6 键即可。

图 4-4　动合触点的输入

如要输出一个定时器，则先选中线圈输出，再输入定时器地址编号（如 T0）和设定值（如 K50），如图 4-5 所示。

图 4-5　定时器线圈的输出

对于计数器，因为它有时要用到两个输入端，所以在操作上既要输入线圈部分，又要输入复位部分，其操作过程如图 4-6、图 4-7 所示。注意图中输入线圈和复位线圈的表示是不同的。

如果需要在梯形图中设置其他一些线（如图 4-3 所示的 F9、sF9、F10 按钮）、输入触点（如

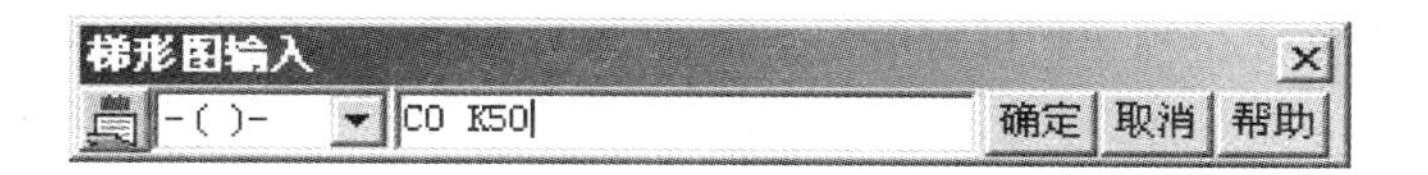

图 4-6 计数器的输入

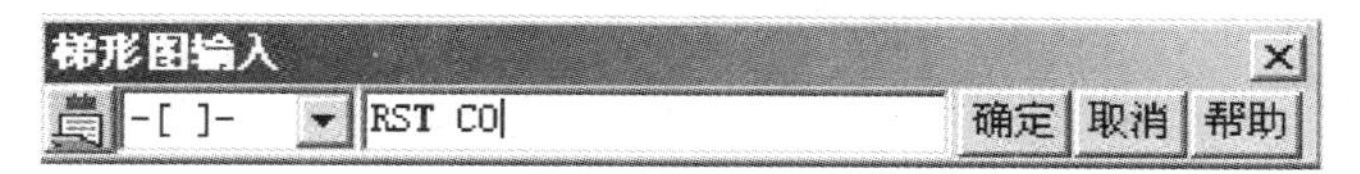

图 4-7 计数器复位

sF5、F6、sF6、sF7、aF7、aF8、caF10)、删除线（cF9、cF10、aF9)、定时器、计数器、辅助继电器等，在菜单上都能方便地找到，然后输入元件编号即可。

梯形图符号图快捷键的 sF5 是指 Shift+F5，aF7 是指 Alt+F7，caF10 指 Ctrl+Alt+F10。快捷键的灵活使用可提高编程效率。

使用以上方法，以电动机的正反转控制电路为例，用 GX Developer 编制梯形图程序，如图 4-8 所示。其中，X0 为正转按钮，X1 为反转按钮，X2 为停止按钮；Y0 为正转控制线圈，Y1 为反转控制线圈，最后的 END 语句可以由 GX Developer 自动写入。

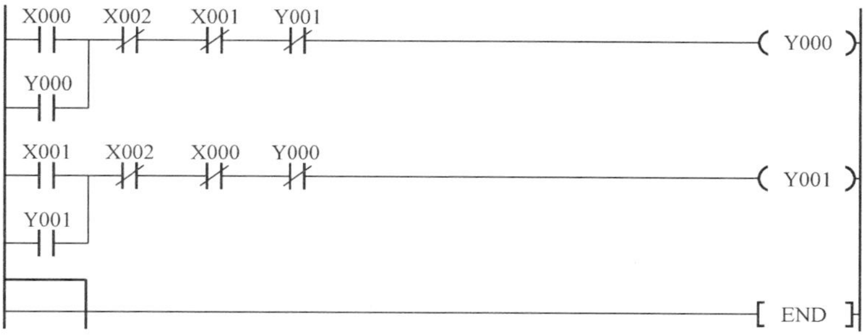

图 4-8 电动机正反转梯形图

3. 程序转换与检查

(1) 程序转换。图 4-8 所示的梯形图程序呈灰色，这是因为程序还未能转换为 PLC 所能执行的指令。同其他程序设计语言一样，必须把所编输入的梯形图程序转换成 PLC 微处理器能识别和处理的目标语言，在 GX Developer 软件环境中，完成这一功能的操作称为程序转换。

实现程序转换的功能键有两种，如图 4-9 框选所示位置（可任选一处单击）。也可以使用快捷键 F4 对梯形图进行程序转换。

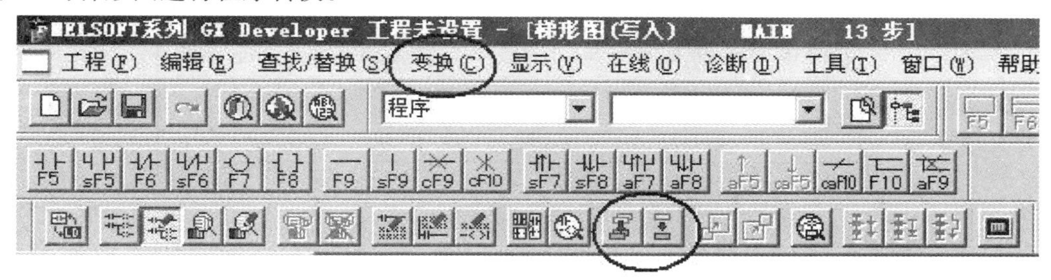

图 4-9 转换功能键的使用

图 4-8 所示梯形图经过程序转换（无语法错误）后，如图 4-10 所示，图中同时显示梯形图的步数。

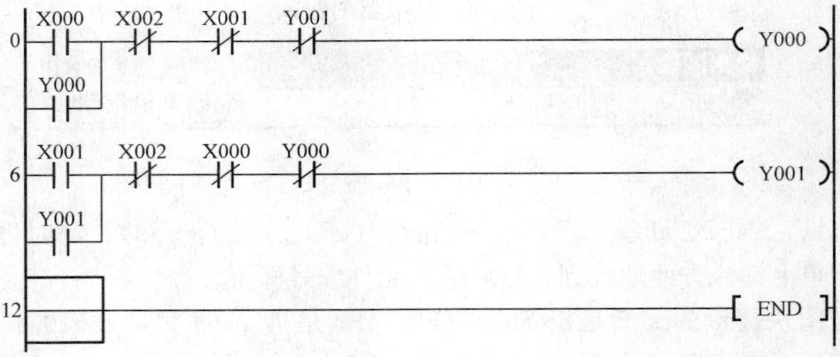

0 X000 X002 X001 Y001 Y000
Y000
6 X001 X002 X000 Y000 Y001
Y001
12 END

图 4-10　转换后的电动机正反转梯形图

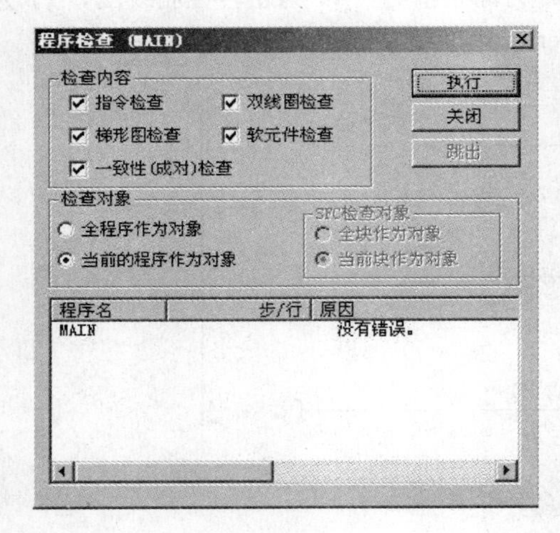

图 4-11　“程序检查”对话框

（2）程序检查。在程序转换过程中，如果程序有错，则会给出提示，梯形图中出现的蓝色框停留处为不能转换处，修改后则可转换。出错原因多为梯形图逻辑关联有误，即有语法错误。经过转换后的梯形图还可通过单击按钮进一步检查程序的正确性，如图 4-11 所示。也可通过选择菜单“工具”→“程序检查”命令检查程序的正确性。

4. 程序注释

为写好的程序加上注释，既便于别人的阅读，也便于自己对程序的调试。GX Developer 提供了注释功能：为注释编辑，用于软元件注释；为声明编辑，用于程序或程序段的功能注释；为注解项编辑，只能用于对输出的注解。图 4-12 是对图 4-8 所示程序的注释。

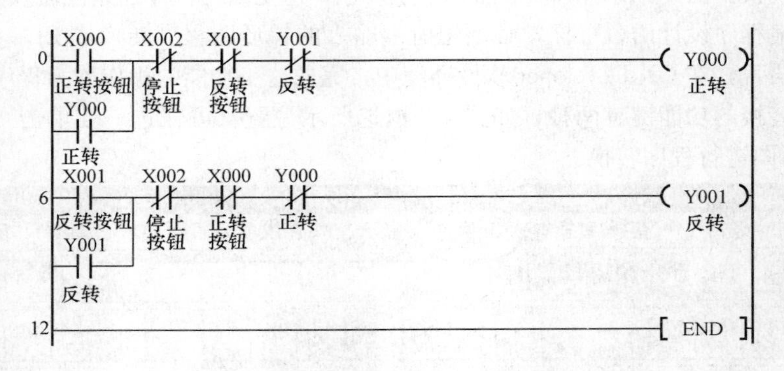

图 4-12　电动机正反转程序注释

5. 仿真调试

GX Developer Simulator Ver. 6.10L 提供了仿真功能，这也是 GX Developer 比 FXGPWin 优越的原因。

GX Developer 的仿真调试过程如下。

（1）单击“梯形图逻辑测试启动/结束”按钮，出现如图 4-13 所示的界面，等待程序写入虚拟 PLC 结束后，即可进行仿真，如图 4-14 所示。

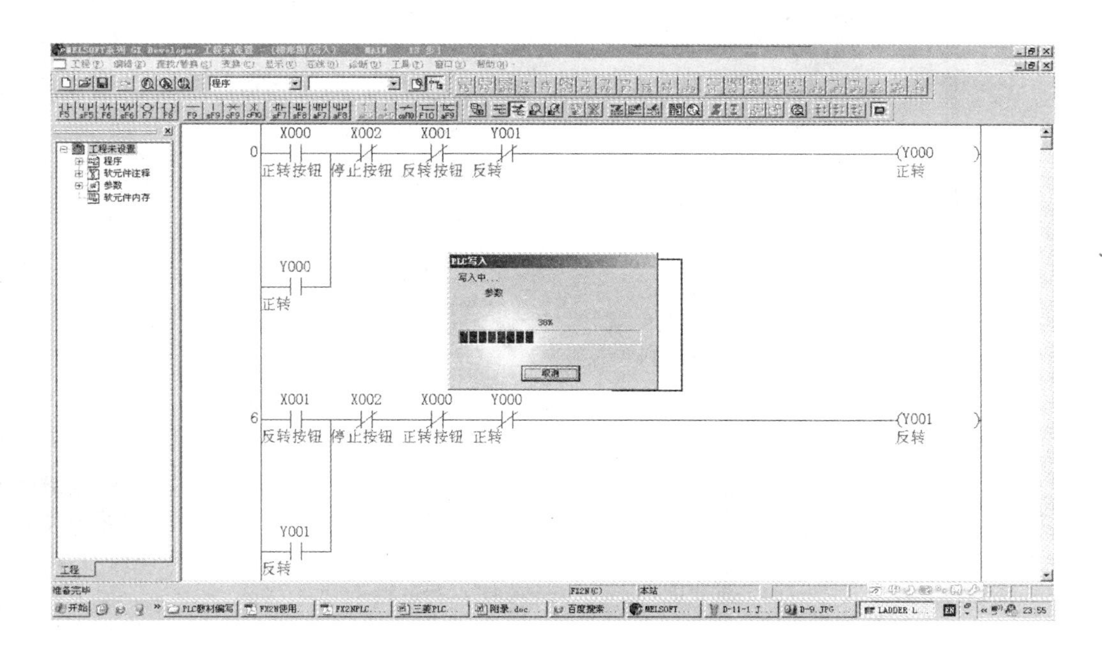

图 4-13 程序写入虚拟 PLC

如图 4-15 所示，单击 X000 动合触点右键进行软元件测试，可将其强制为 ON 状态，即 X000＝ON，可观察到电动机正转仿真运行过程，用 X001 控制电动机反转亦如此。

（2）选择图 4-14 中的“菜单启动”→“继电器内存监视”命令，出现如图 4-16 所示界面，选择“软元件”→“软元件窗口”命令，依次调出程序中所需仿真测试的软元件，并在“窗口”中选择“并列表示”。

（3）双击所需仿真的输入元件，可使其得电呈黄色方块，相应输出被驱动的得电元件也呈黄色方块，如图 4-17 所示。只要能按照控制要求模拟输入等相关信号的变化，再观察输出是否符合控制要求，就能检验程序的正确性。

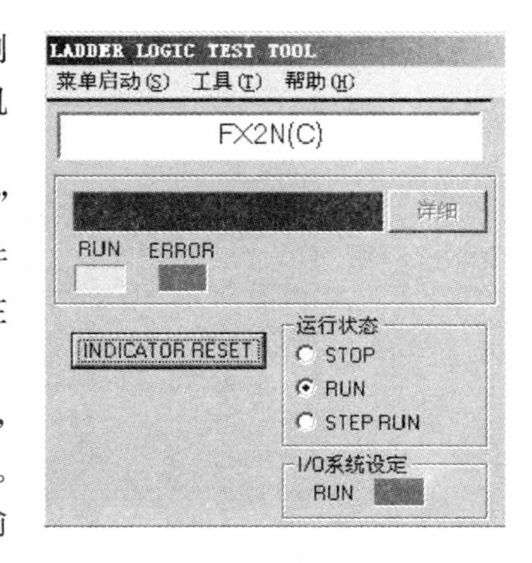

图 4-14 进行仿真

6. 程序传送

（1）PLC 与计算机的连接方式有以下几种。

1）使用三菱标准编程电缆“SC-09”。

2）使用其他编程电缆。

3）计算机上没有九针串口，用一个 USB 转 RS-232 的连接器，然后把 PLC 编程电缆的另一边接在连接器上，再正确设置 COM 口。

（2）通信设置。在菜单上选择“在线”→“传输设置”命令，出现如图 4-18 所示界面，双击“串行”按钮，出现如图 4-19 所示对话框。

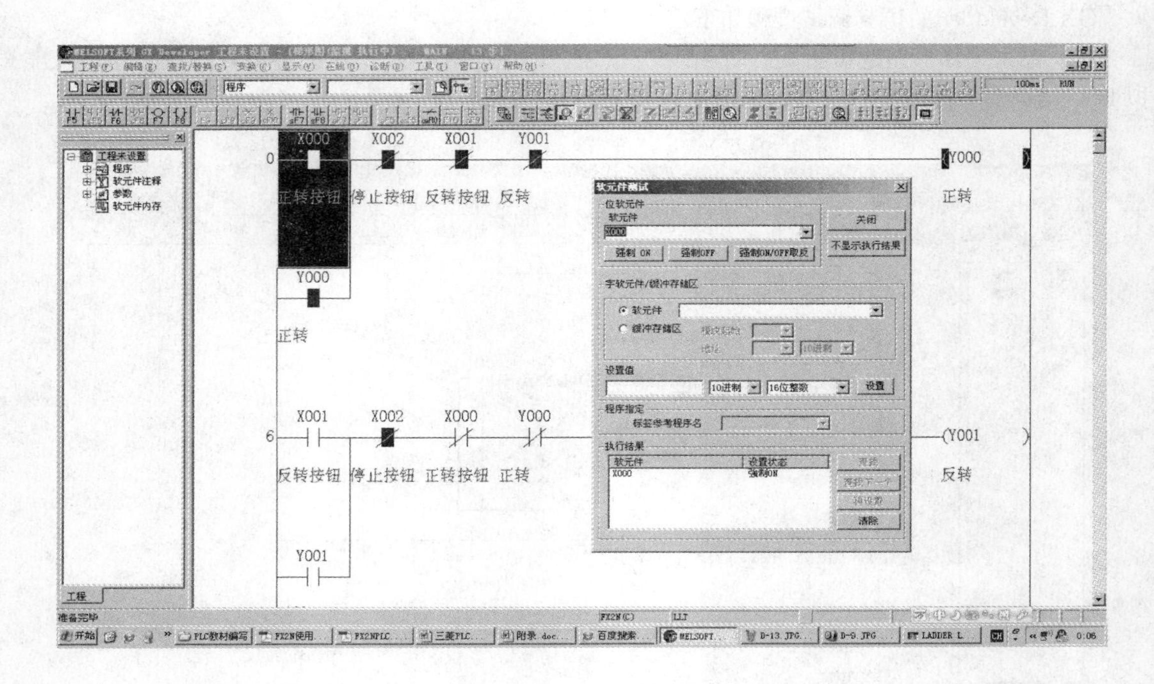

图 4-15　电动机正转仿真运行过程

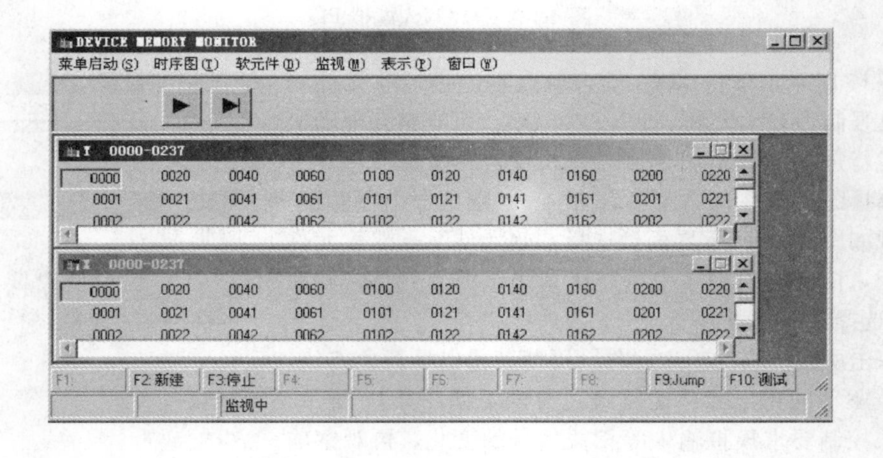

图 4-16　软元件的并列表示

此时，必须确定 PLC 与计算机的连接是通过 COM1 口还是 COM2 口，假设已将 RS-232 连在了计算机的 COM1 口，则在操作上应选择 COM1 口，传输速度选择默认的 9.6 Kbps。随后单击“通信测试”按钮即可检测设置正确与否。

（3）程序下载。通信成功后便可下载程序了。程序下载前，必须将 FX_{2N} 面板上的开关由 RUN 拨向 STOP 状态，再打开“在线”菜单，设置“写入 PLC”（或直接单击按钮），如图 4-20所示。

从图 4-20 可看出，在执行读取及写入前必须先选中 MAIN、PLC 参数，否则不能对程序执

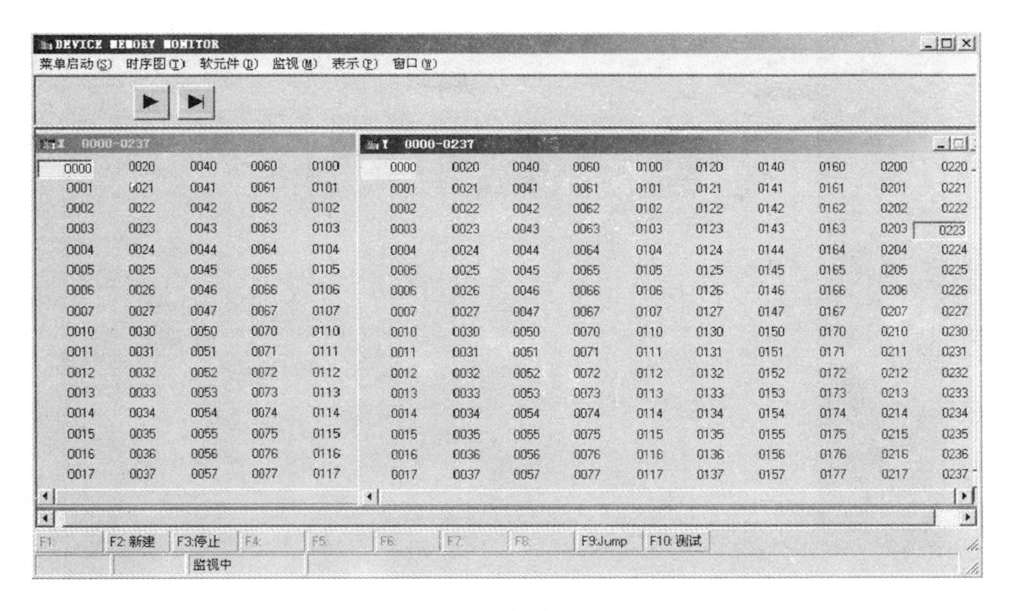

图 4-17　仿真过程

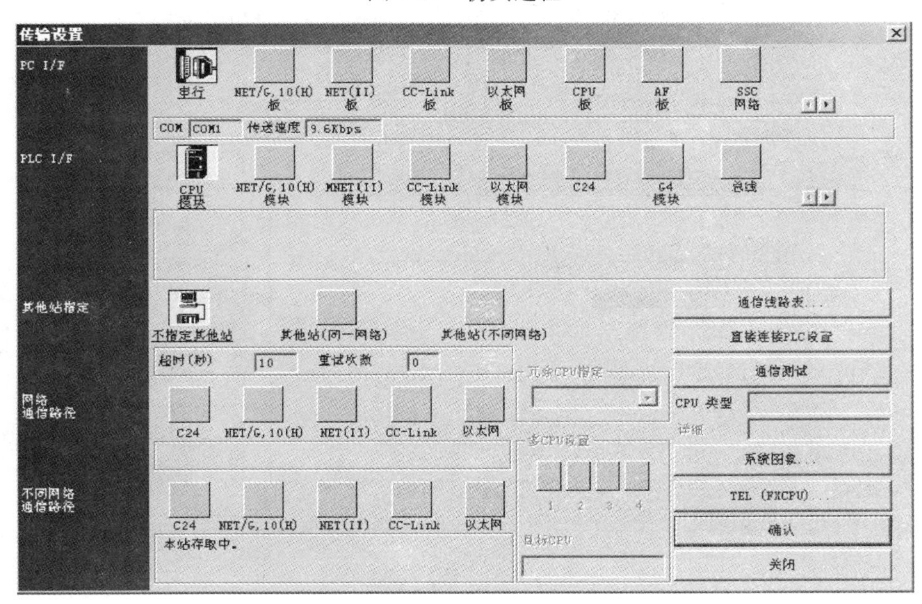

图 4-18　确定 COM 口

行读取、写入操作，选中参数后单击“开始执行”按钮即可。

四、实训报告

1. 实训总结

（1）整理出运行调试后的梯形图程序。

（2）写出该程序的调试步骤和观察结果。

2. 实训思考

（1）在仿真状态下如何实现电动机正反转的启动和停止？

（2）如何将验证过的梯形图程序下载到 PLC？

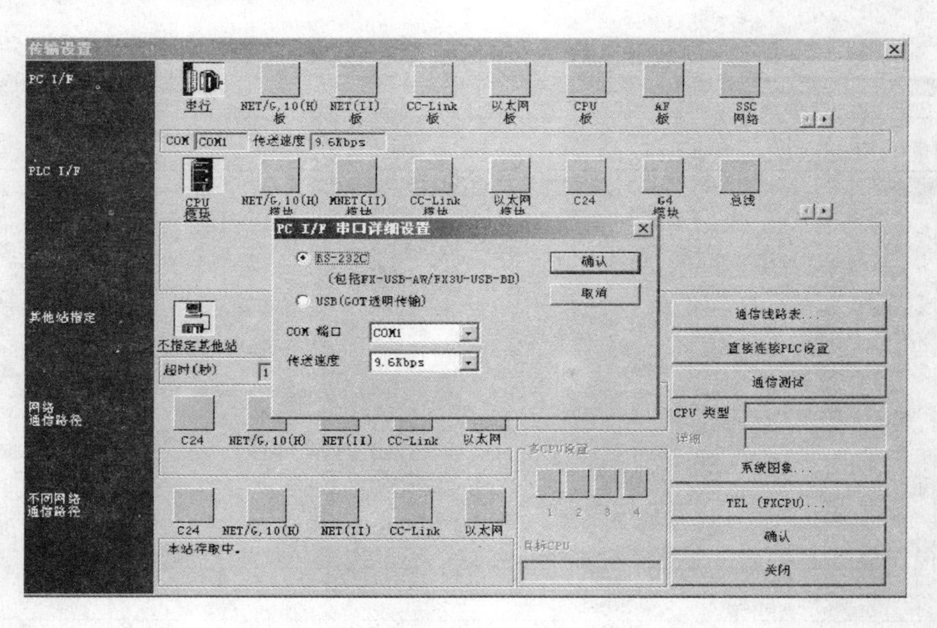

图 4-19　传输设置

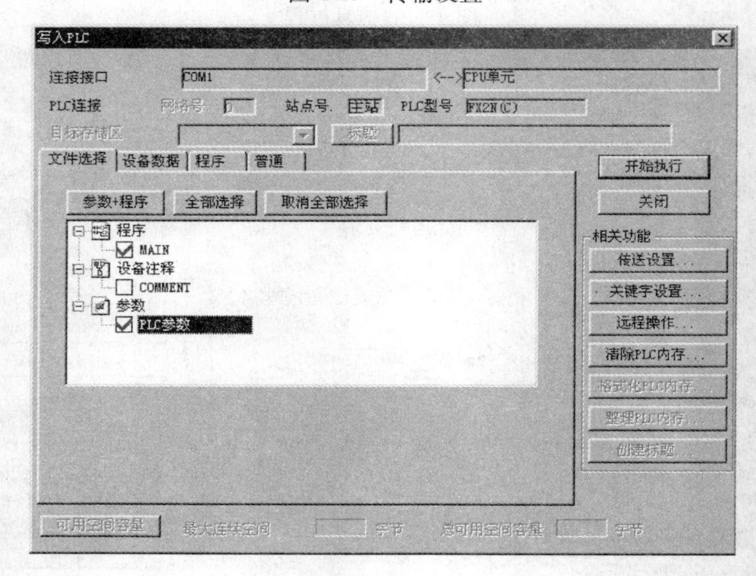

图 4-20　程序下载

任务 2　自动门控制系统实训

一、实训目的

(1) 熟悉 PLC 基本指令的编程方法。

(2) 掌握输入输出元器件的使用方法。

(3) 掌握简单自动门的程序设计及其外部接线。

二、实训内容及控制要求

该自动门能实现自动检测汽车的到来和离开，并自动打开和关闭大门。同时，也可以手动升降大门。此类程序适用于自动车库或有自动门的场合。自动门示意图如图 4-21 所示。

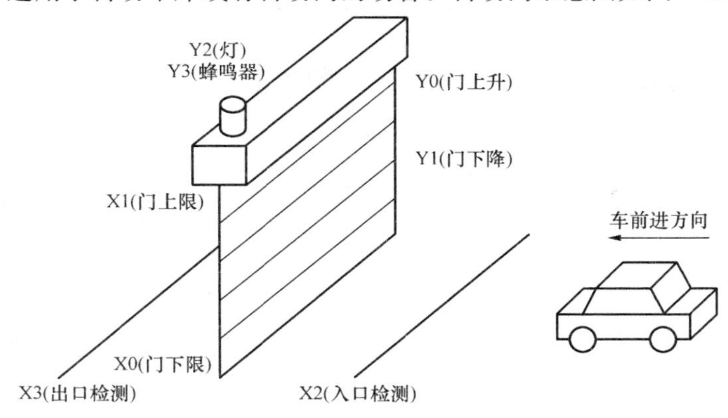

图 4-21　自动门示意图

（1）门关闭在最低点待机时，“停止中 Y4”灯亮。

（2）当汽车行驶进入“入口检测 X2”时，自动门打开，“停止中 Y4”灯灭，“动作中 Y7”灯亮。

（3）门上升“Y0”至“上限 X1”为 ON 时，门不再打开，“动作中 Y5”灯灭，“打开中 Y7”灯亮。

（4）当汽车行驶离开“出口检测 X3”时，自动门关闭，“打开中 Y7”灯灭，“动作中 Y5”灯亮。

（5）门下降“Y1”至“下限 X0”为 ON 时，门不再关闭，“动作中 Y5”灯灭，“停止中 Y7”灯亮。

（6）在门升降动作中和升起后，门灯以及“门灯指示灯 Y6”灯亮。

（7）当汽车进入 X2 还没有离开 X3 时，则灯 Y2 点亮，蜂鸣器 Y3 在自动门动作时发出声响。

（8）可使用按钮“X4 门上升”和“X5 门下降”手动操作开门。

三、常用工具及仪器仪表的准备

工具准备：常用电工工具。

仪表准备：万用表。

器材准备：

（1）安装有 FX_{2N}系列 PLC 编程软件 GX-Developer 的 PC。

（2）PLC 实训控制台。

（3）自动门模拟显示模块。

（4）连接导线若干。

四、程序设计

1. I/O 分配

根据自动门控制系统的控制要求，自动门 I/O 地址分配见表 4-1。

2. 系统程序

根据自动门控制系统的控制要求及其 I/O 地址分配，设计的自动门控制系统的梯形图如图 4-22所示。

五、系统接线

根据系统控制要求和 I/O 地址分配表，自动门系统的 I/O 接线图如图 4-23 所示。

表 4-1　　自动门 I/O 地址分配表

类　别	电气元件	PLC 软元件	功　能
输入（I）	SQ1	X0	门下限
	SQ2	X1	门上限
	SQP1	X2	入口检测
	SQP2	X3	出口检测
	SB1	X4	手动门上升
	SB2	X5	手动门下降
输出（O）	HL0	Y0	门上升
	HL1	Yi	门下降
	HL2	Y2	检测灯
	HA1	Y3	蜂鸣器
	HL3	Y4	停止中
	HL4	Y5	门动作中
	HL5	Y6	门灯
	HL6	Y7	打开中

六、系统调试

1. 程序输入

通过计算机将图 4-22 所示的梯形图正确输入 PLC 中。

2. 静态调试

按图 4-23 所示的 PLC 的 I/O 接线图正确连接好输入设备，进行 PLC 的模拟静态调试，观察 PLC 的输出指示灯是否按要求指示。否则，检查并修改程序，直至指示正确。

3. 动态调试

按图 4-23 所示的 PLC 的 I/O 接线图正确连接好输出设备，进行系统的动态调试，先调试手动程序，

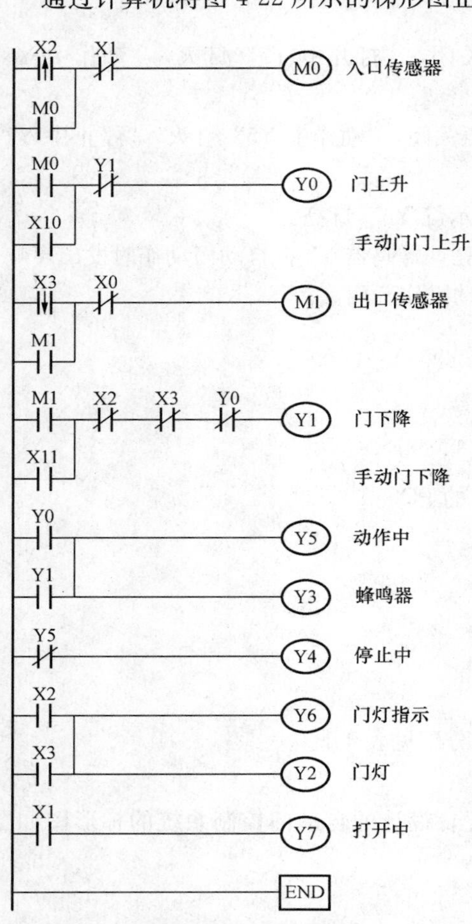

图 4-22　自动门系统的梯形图

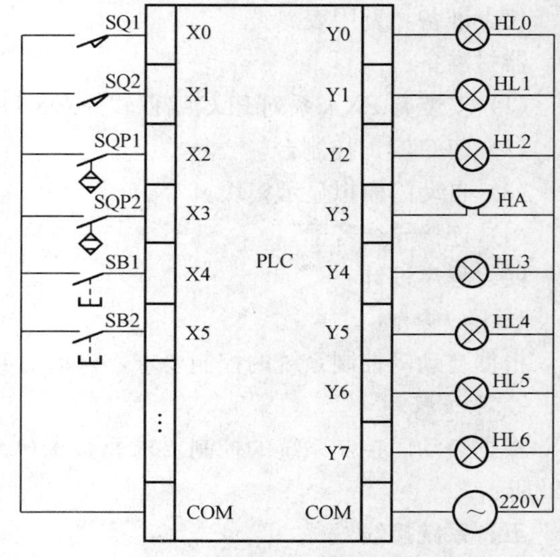

图 4-23　自动门系统的 I/O 接线图

再调试自动程序，观察自动门能否按控制要求动作。否则，检查电路或修改程序，直至自动门能按控制要求动作。

七、实训报告

1. 实训总结

（1）描述自动门的动作情况，总结操作要领。

（2）画出自动门工作流程图。

2. 实训思考

（1）要求能够实现手动操作和自动运行切换操作的程序与本系统有何区别？

（2）在实际应用中，若将实训中的指示灯换为交流接触器，试在此基础上设计该程序。

任务3 机械手控制实训

一、实训目的

（1）熟悉步进顺控指令的编程方法。

（2）掌握单流程程序的编制方法。

（3）掌握简单机械手的程序设计及其外部接线。

二、实训内容及控制要求

设计一个用 PLC 控制的将工件从 A 点移到 B 点的机械手的控制系统。如图 4-24 所示，机械手将一个工件由 A 处传送到 B 处，执行上升、下降和左移、右移操作分别用双线圈二位电磁阀推动气缸完成。当某个电磁阀线圈通电时，就一直保持现有的机械动作。例如，一旦上升的电磁阀线圈通电，则机械手上升，计时线圈再断电，仍能保持现有的上升动作状态，直到相反方向的线圈通电为止。另外，夹紧、松开操作由单线圈二位电磁阀推动气缸完成，线圈通电时执行夹紧动作，线圈断电时执行松开动作。设备装有上、下、左、右限位开关，其工作过程共有 9 个状态、8 个动作。

其控制要求如下：

（1）在紧急停止时，要求机械手回到原点位置。

（2）在原点位置按启动按钮时，机械手按图 4-24 所示连续工作一个周期，动作过程如图 4-25所示。

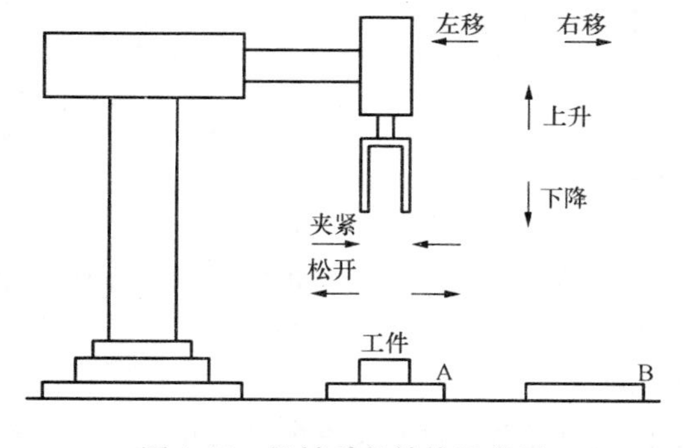

图 4-24 机械手的结构示意图

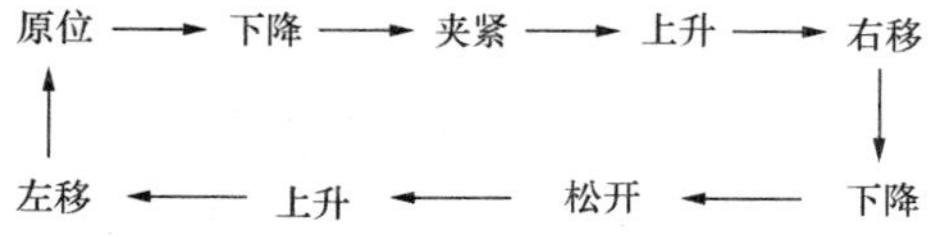

原位 → 下降 → 夹紧 → 上升 → 右移
↓
左移 ← 上升 ← 松开 ← 下降

图 4-25 机械手动作示意图

三、常用工具及仪器仪表的准备

工具准备：常用电工工具。

仪表准备：万用表。

器材准备：

（1）安装有 FX_{2N}系列 PLC 编程软件 GX-Developer 的 PC。

（2）PLC 实训控制台。

（3）机械手模拟显示模块。

（4）连接导线若干。

四、程序设计

1. I/O 分配

根据动作原理和控制要求，机械手 I/O 分配表见表 4-2。

表 4-2　　机械手 I/O 分配表

类　别	电气元件	PLC 软元件	功　能
输入（I）	启动按钮 SB1	X0	开始工作
	停止按钮 SB2	X1	停止工作
	限位开关 SQ1	X2	向下运行限位
	限位开关 SQ2	X3	向上运行限位
	限位开关 SQ3	X4	向右运行限位
	限位开关 SQ4	X5	向左运行限位
输出（O）	YV1	Y0	机械手下降
	YV2	Y1	机械手上升
	YV3	Y2	机械手左移
	YV4	Y3	机械手右移
	YV5	Y4	机械手夹紧
	HL0	Y5	原点显示灯

2. 系统程序

机械手 PLC 自动控制系统的状态转移图如图 4-26 所示，图 4-27 为其对应的梯形图及指令表。

五、系统接线

根据系统控制要求和 I/O 分配表，机械手系统 I/O 接线图如图 4-28 所示。

六、系统调试

1. 程序输入

通过计算机将图 4-27 所示的梯形图正确输入 PLC 中。

2. 静态调试

按图 4-28 所示的 PLC 的 I/O 接线图正确连接好输入设备，进行 PLC 的模拟静态调试，观察 PLC 的输出指示灯是否按要求指示。否则，检查并修改程序，直至指示正确。

3. 动态调试

按图 4-28 所示的 PLC 的 I/O 接线图正确连接好输出设备，进行系统的动态调试，观察机械手能否按控制要求动作。否则，检查电路或修改程序，直至机械手能按控制要求动作。

七、实训报告

1. 实训总结

（1）描述机械手的动作情况，总结操作要领。

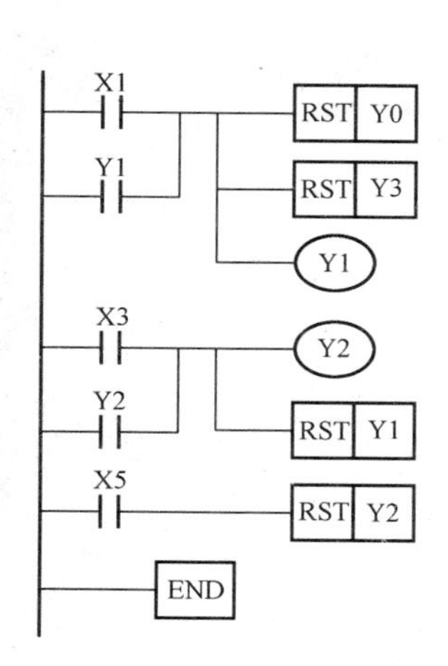

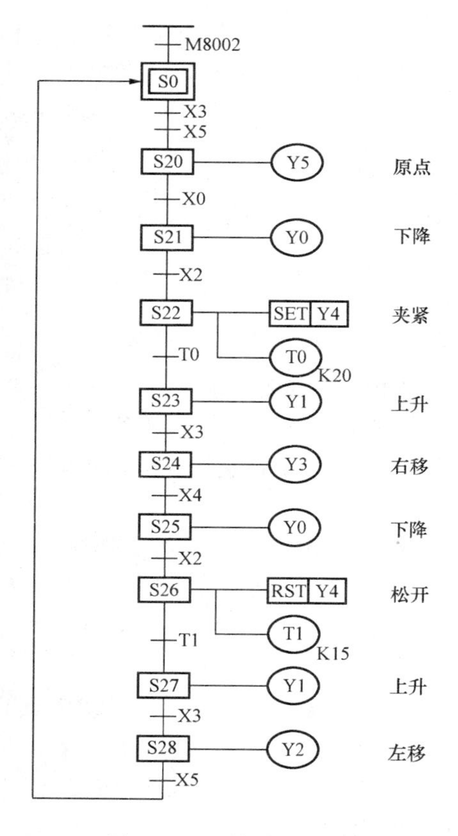

图 4-26 机械手 PLC 自动控制状态转移图

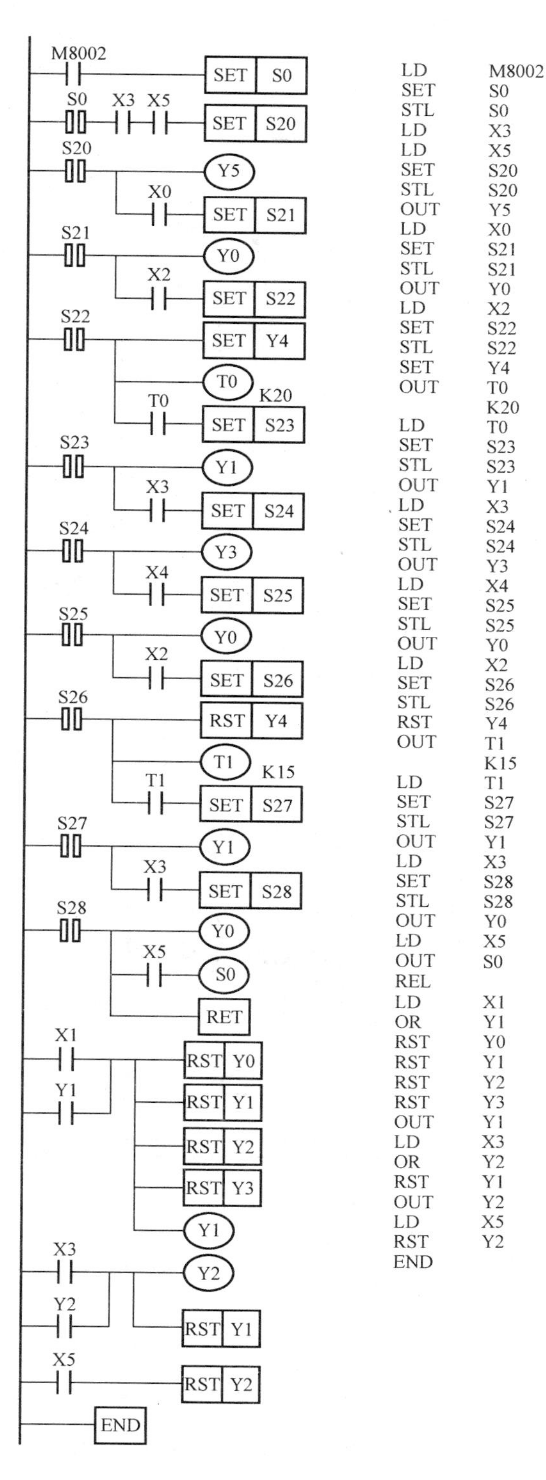

图 4-27 机械手 PLC 自动控制梯形图及指令表

（2）画出机械手工作流程图。

2. 实训思考

（1）若控制要求能够实现手动操作和自动运行，需要增加多少个 I/O 点？试设计其程序。

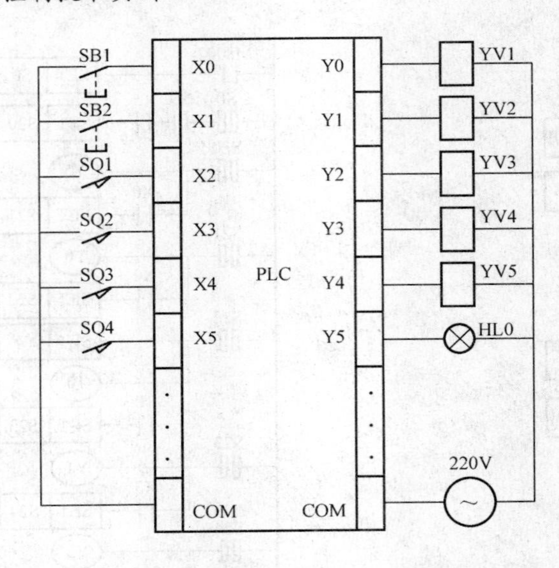

图 4-28　机械手系统 I/O 接线图

（2）在右限位处增加一个光电检测，检测 B 点是否有工件，若无工件，则下降；若有工件，则不下降，在此基础上设计其程序。

任务 4　大小球分类控制实训

一、实训目的

（1）熟悉顺控指令的编程方法。

（2）掌握选择流程程序的编制方法。

（3）掌握大小球分类控制的程序设计及其外部接线。

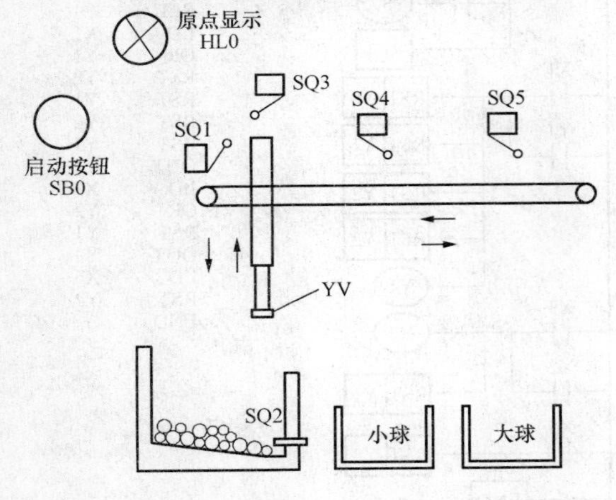

图 4-29　大小球分类传送装置示意图

二、实训内容及控制要求

在生产过程中，经常要对流水线上的产品进行分拣，图 4-29 所示就是用于分拣小球大球的机械装置。

分拣小球大球的机械装置的工作顺序是：向下—抓住球—向上—向右运行—向下—释放—向上和向左运行至左上点（原点），抓球和释放球的时间均为 1s。

左上为原点，机械臂下降（当碰铁压着的是大球时，限位开关 SQ2 不动作，而压着的是小球时 SQ2 动作，以此判断是大球还是小球）。

其具体工作流程如图 4-30 所示。

三、常用工具及仪器仪表的准备

工具准备：常用电工工具。

仪表准备：万用表。

器材准备：

（1）安装有 FX_{2N} 系列 PLC 编程软件 GX-Developer 的 PC。

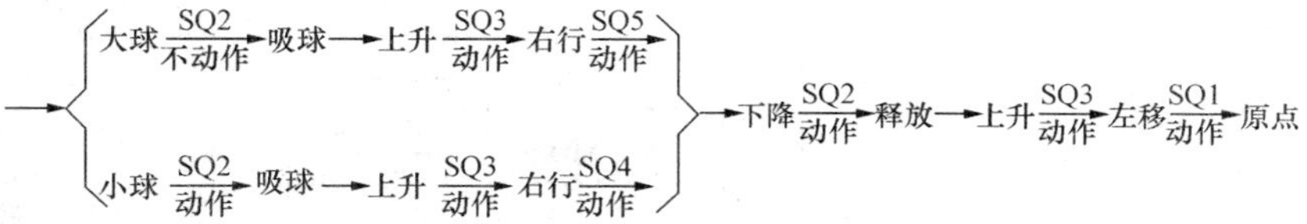

大球 —SQ2 不动作→ 吸球 → 上升 —SQ3 动作→ 右行 —SQ5 动作→ 下降 —SQ2 动作→ 释放 → 上升 —SQ3 动作→ 左移 —SQ1 动作→ 原点

小球 —SQ2 动作→ 吸球 → 上升 —SQ3 动作→ 右行 —SQ4 动作→

图 4-30　大小球分类系统工作流程图

（2）PLC 实训控制台。

（3）大小球分类控制模拟显示模块。

（4）连接导线若干。

四、程序设计

1. I/O 分配

由图 4-30 可知，系统的输入点分配 X1 为左限位开关，X2 为下限位开关（小球动作、大球不动作），X3 为上限位开关，X4 为释放小球的中间位置开关，X5 是释放大球的右限位开关，X0 为系统的运行开关。

系统的输出点分配：Y0 是机械臂下降，Y2 是机械臂上升，Y1 是吸球口，Y3 是机械臂右移，Y4 是机械臂左移，Y5 是机械臂停在原点的指示灯。因此，大小球分类系统 I/O 分配表见表 4-3。

表 4-3　　大小球分类系统 I/O 分配表

类　别	电气元件	PLC 软元件	功　能
输入（I）	开关 SB0	X0	开始分类传送
	限位开关 SQ1	X1	向左运行限位
	限位开关 SQ2	X2	向下运行限位
	限位开关 SQ3	X3	向上运行限位
	限位开关 SQ4	X4	释放小球中间位置开关
	限位开关 SQ5	X5	释放大球的向右运行限位开关
输出（O）	KM1	Y0	机械臂下降
	YV	Y1	吸球
	KM2	Y2	机械臂上升
	KM3	Y3	机械臂右移
	KM4	Y4	机械臂左移
	HL0	Y5	机械臂停在原点显示灯

2. 系统程序

根据工艺要求，该控制流程可根据 SQ2 的状态（即对应大、小球）有两个分支，此处应为分支点，且属于选择性分支。分支在机械臂下降之后根据 SQ2 的通断，分别将球吸住、上升、右行到 SQ4 或 SQ5 处下降，此处应为汇合点。然后再释放、上升、左移到原点。

大小球分类系统状态转移图如图 4-31 所示，图 4-32 为其所对应的梯形图及指令表。

五、系统接线

根据大小球分类系统的控制要求以及 I/O 分配，其系统接线图如图 4-33 所示。

六、系统调试

1. 程序输入

通过计算机将图 4-32 所示的梯形图正确输入 PLC 中。

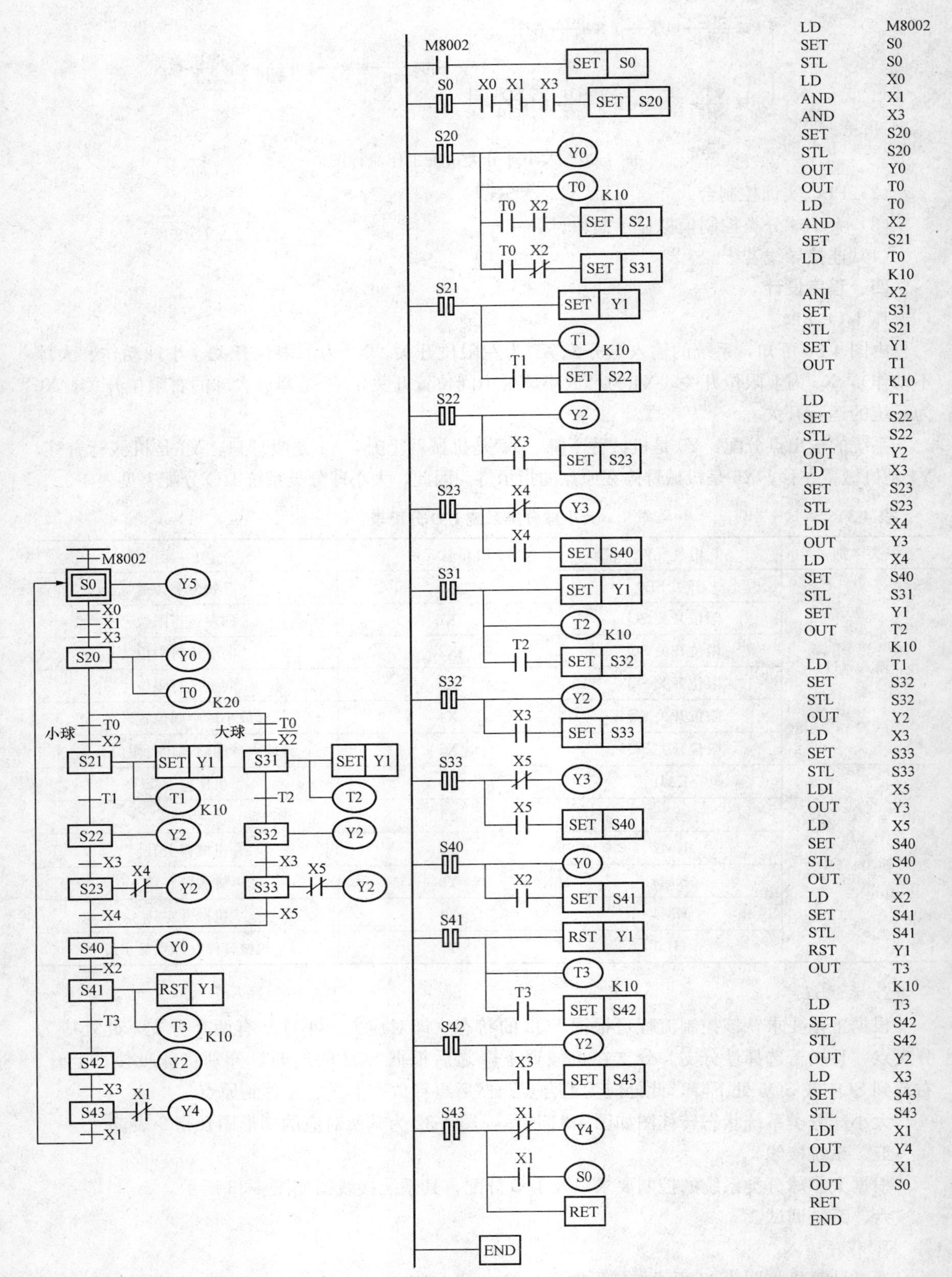

图 4-31　大小球分类系统状态转移图　　图 4-32　大小球分类系统的状态梯形图及指令表

2. 静态调试

按图 4-33 所示的 PLC 的 I/O 接线图正确连接好输入设备，进行 PLC 的模拟静态调试，观察 PLC 的输出指示灯是否按要求指示。否则，检查并修改程序，直至指示正确。

3. 动态调试

按图 4-33 所示的 PLC 的 I/O 接线图正确连接好输出设备，进行系统的动态调试，观察大小球分类系统能否按控制要求动作。否则，检查电路或修改程序，直至系统能按控制要求动作。

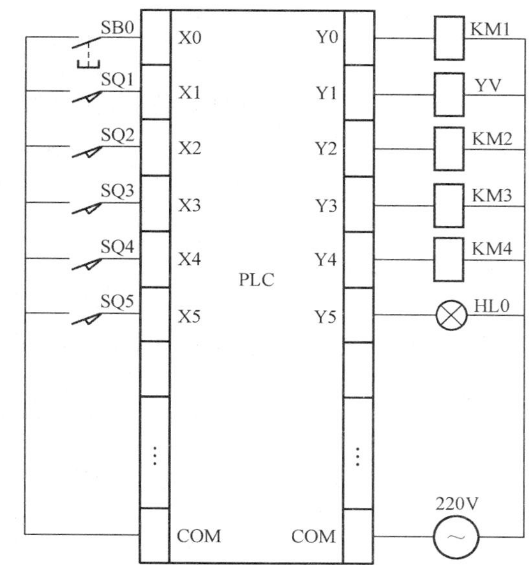

图 4-33 大小球分类系统 I/O 接线图

七、实训报告

1. 实训总结

(1) 描述大小球分类控制的动作情况，总结操作要领。

(2) 画出大小球分类控制工作流程图。

2. 实训思考

(1) 若要在自动运行的基础上增加手动操作功能，需要增加多少个 I/O 点？试设计其程序。

(2) 用另外的方法编制设计其程序。

任务 5 密码锁控制实训

一、实训目的

(1) 熟悉功能指令的编程方法。

(2) 掌握传送比较指令的编制方法。

(3) 掌握密码锁控制的程序设计及其外部接线。

二、实训内容及控制要求

(1) 设计一个由输入点输入密码设定值，要开启一定要按照之前输入的设定值，才能使 PLC 的 Y0 驱动输出。

(2) 按下 X15，即可开始启动使用。

(3) X11＝ON 时，表示可以设定密码值，由 X0～X7 输入设定值，X0～X7 可以重复输入，最大为 9 位数。

(4) X11＝OFF 时，表示可以开始由 X0～X7 输入密码值开锁。

(5) X10 为确认键，当 X10＝ON 时，表示开锁密码值与设定值开始比较。

(6) 当密码错误时，Y1 点亮，表示输入的密码值错误，之后按下 X12 清除输入值后可重新输入，输入错误 3 次后无法再输入。

(7) 输入密码正确时，则驱动 Y0 输出，表示开锁成功。

(8) 如果要更改密码设定值，则按下 X13，之后再按下 X15 即可重新使用。

(9) 密码输入错误 3 次，则无法再输入，若想重新输入使用，需先将 X14 按下重置清除后，再按 X15 重新启动，即可重新输入。

三、常用工具及仪器仪表的准备

工具准备：常用电工工具。

仪表准备：万用表。

器材准备：

（1）安装有 FX_{2N}系列 PLC 编程软件 GX-Developer 的 PC。

（2）PLC 实训控制台。

（3）密码锁控制模拟显示模块。

（4）连接导线若干。

四、程序设计

1. I/O 分配

根据密码锁的控制要求，密码锁 I/O 分配表见表 4-4。

表 4-4 密码锁 I/O 分配表

类别	电气元件	PLC 软元件	功能
输入（I）	SB0～SB7	X0～X7	密码设定值
	SB8	X10	确认键
	SB9	X11	设定/输入密码
	SB10	X12	清除键
	SB11	X13	清除密码设定值
	SB12	X14	重置键
	SB13	X15	启动/重新输入
输出（O）	HL0	Y0	正确指示灯
	HL1	Y1	错误指示灯

2. 系统程序

根据密码锁的控制要求和 I/O 分配表，密码锁控制梯形图如图 4-34 所示。

五、系统接线

根据密码锁控制系统的控制要求以及 I/O 地址分配，其系统接线图如图 4-35 所示。

六、系统调试

（1）程序输入。通过计算机将图 4-34 所示的梯形图正确输入 PLC 中。

（2）静态调试。按图 4-35 所示的 PLC 的 I/O 接线图正确连接好输入设备，进行 PLC 的模拟静态调试，观察 PLC 的输出指示灯是否按要求指示。否则，检查并修改程序，直至指示正确。

（3）动态调试。按图 4-35 所示的 PLC 的 I/O 接线图正确连接好输出设备，进行系统的动态调试，观察密码锁控制系统能否按控制要求动作，否则，检查电路或修改程序，直至系统能按控制要求动作。

七、实训报告

1. 实训总结

（1）描述密码锁控制的动作情况，总结操作要领。

（2）画出密码锁控制工作流程图。

2. 实训思考

（1）若要实现开锁功能，试在该系统基础上设计其程序。

（2）用另外的方法编制设计其程序。

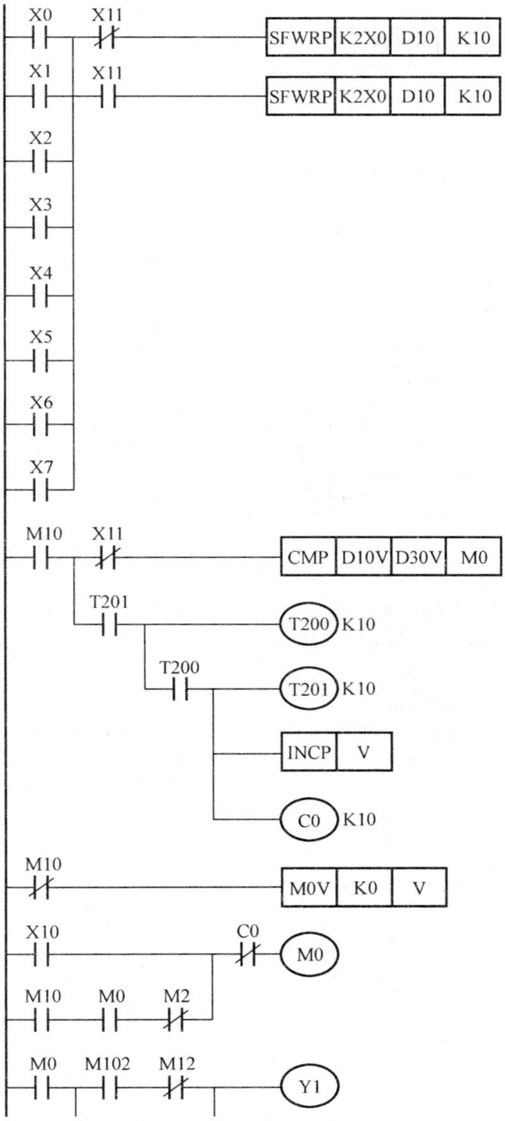

X0 X11 SFWRP K2X0 D10 K10

X1 X11 SFWRP K2X0 D10 K10

X2

X3

X4

X5

X6

X7

M10 X11 CMP D10V D30V M0

T201 T200 K10

T200 T201 K10

INCP V

C0 K10

M10 M0V K0 V

X10 C0 M0

M10 M0 M2

M0 M102 M12 Y1

图 4-34　密码锁梯形图（一）

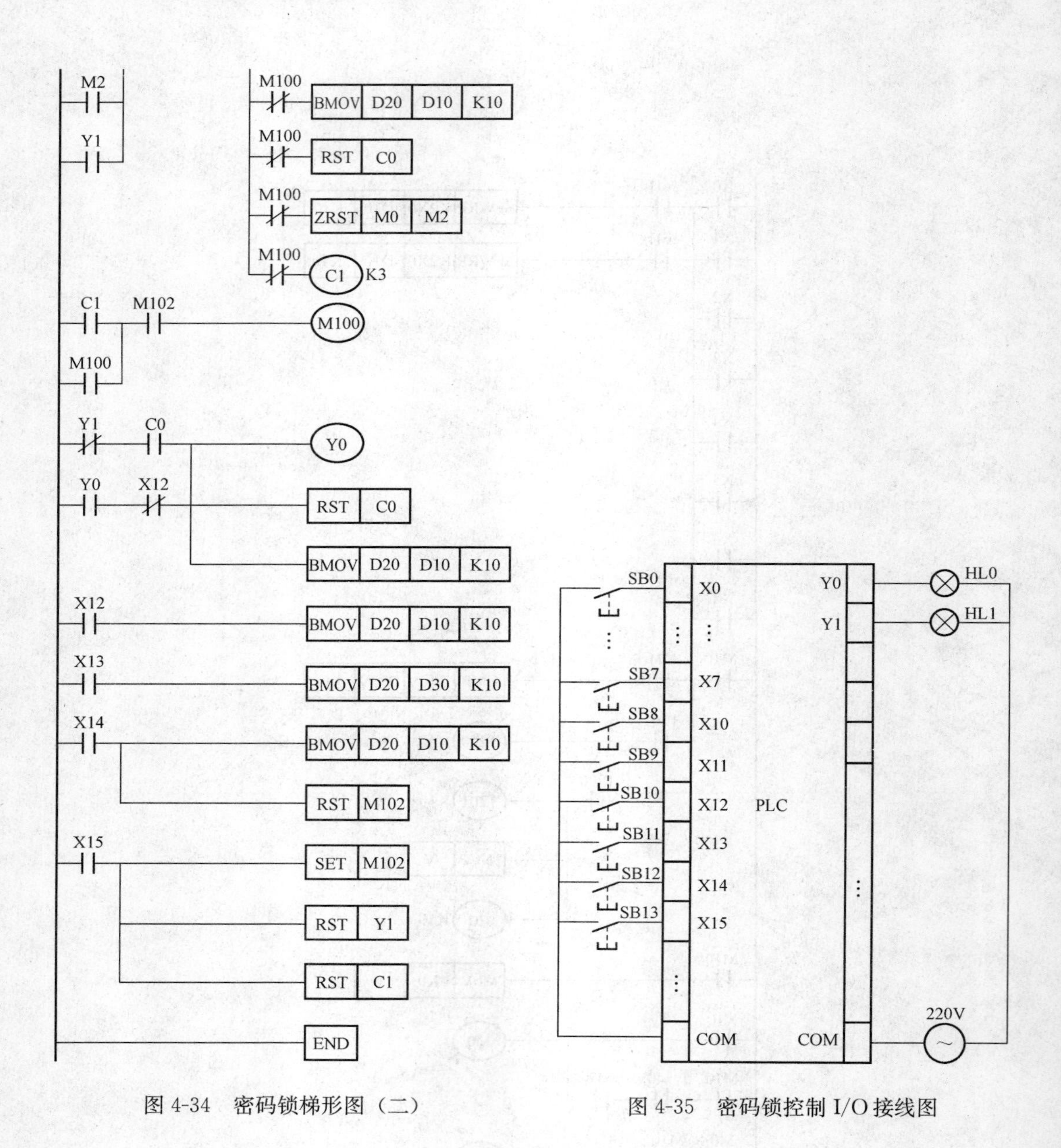

图 4-34　密码锁梯形图（二）

图 4-35　密码锁控制 I/O 接线图

任务 6　搅拌机控制系统实训

一、实训目的

（1）熟悉特殊功能模块的编程方法。

（2）掌握输入输出模块指令的编制方法。

（3）掌握搅拌机控制的程序设计及其外部接线。

二、实训内容及控制要求

搅拌机工艺流程图如图 4-36 所示。现在需要将刨花和胶按一定的比例进行混合搅拌，刨花由螺旋给料机供给，通过压力传感器检测刨花量，胶由胶泵供给，通过流量计检测胶流量，当刨花量和胶的重量达到配比要求时，送到搅拌机内进行搅拌，然后将混料供给下一道工艺蒸压成型。要求刨花量和胶量配比恒定，即胶量随着刨花量的变化而变化。

搅拌机控制系统的输入信号有启动、停止、转换开关3个开关量信号，刨花量设定、胶量设定、压力传感器信号、流量计信号这4个位模拟量信号。根据输入/输出信号的数量类型和控制要求，选择型号为 FX_{2N}-16MR-001 的 PLC，4 通道模拟量输入模块 FX_{2N}-4AD 及 2 通道模拟量输出模块 FX_{2N}-2DA。

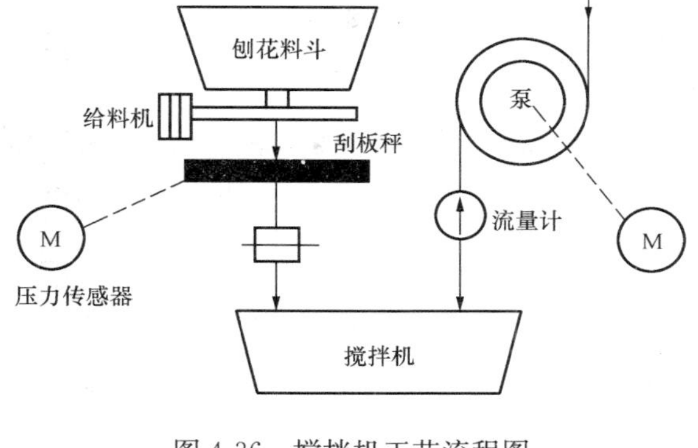

图 4-36 搅拌机工艺流程图

三、常用工具及仪器仪表的准备

工具准备：常用电工工具。

仪表准备：万用表。

器材准备：

(1) 安装有 FX_{2N} 系列 PLC 编程软件 GX-Developer 的 PC。

(2) PLC 实训控制台。

(3) 搅拌机控制模拟显示模块。

(4) 连接导线若干。

四、程序设计

1. I/O 分配

搅拌机控制系统 I/O 分配表见表 4-5。

表 4-5 搅拌机控制系统 I/O 分配表

类别	电气元件	PLC 软元件	功能
输入 (I)	SB1	X0	启动按钮
	SB2	X1	停止按钮
	SA	X2	转换开关
	U1	CH1	刨花设定
	U2	CH2	压力传感器
	U3	CH3	胶设定
	U4	CH4	流量计
输出 (O)	M1	Y0	给料机
	M2	Y1	胶泵
	L1	CH1	模拟量输入指示灯
	L2	CH2	模拟量输出指示灯

2. 系统程序

根据控制原理图，螺旋给料机采用比例系数 $K=2$ 的比例控制，胶泵电动机采用 PI 调节，通过 PI 调节抑制输入波动，搅拌机控制系统的梯形图如图 4-37 所示。

五、系统接线

根据 I/O 分配关系，搅拌机控制系统的 I/O 接线图如图 4-38 所示。

六、系统调试

(1) 程序输入。通过计算机将图 4-37 所示的梯形图正确输入 PLC 中。

(2) 静态调试。按图 4-38 所示的 PLC 的 I/O 接线图正确连接好输入设备，进行 PLC 的模拟

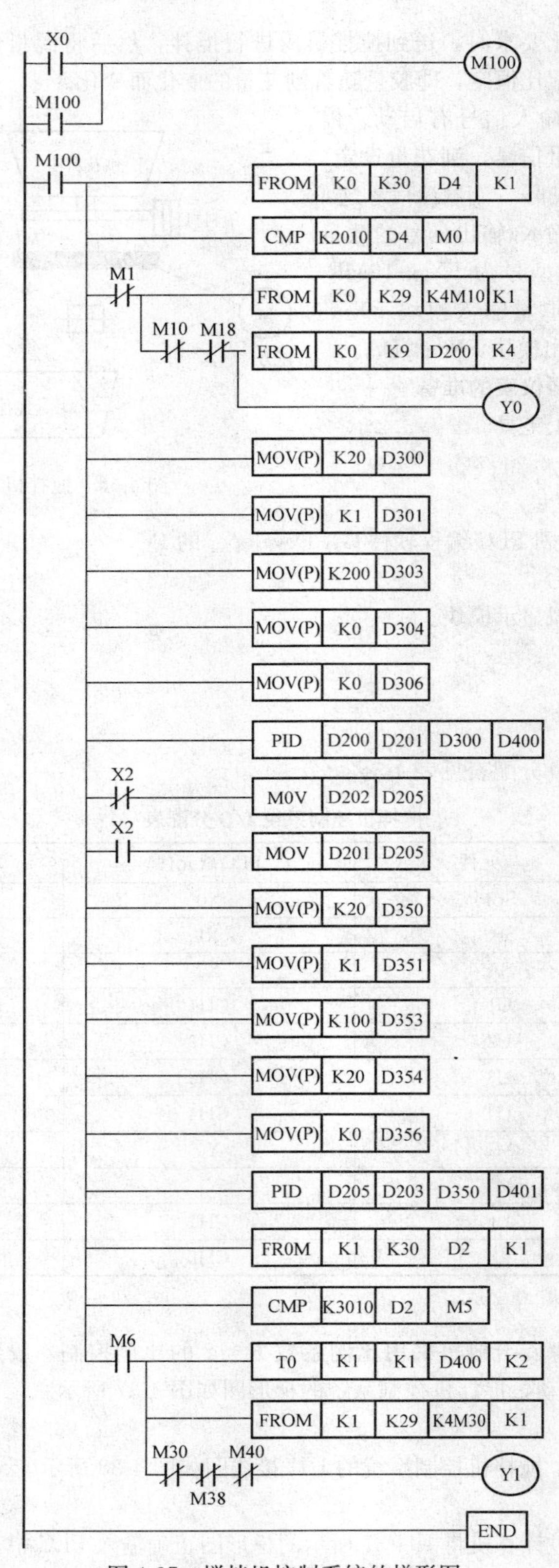

图 4-37　搅拌机控制系统的梯形图

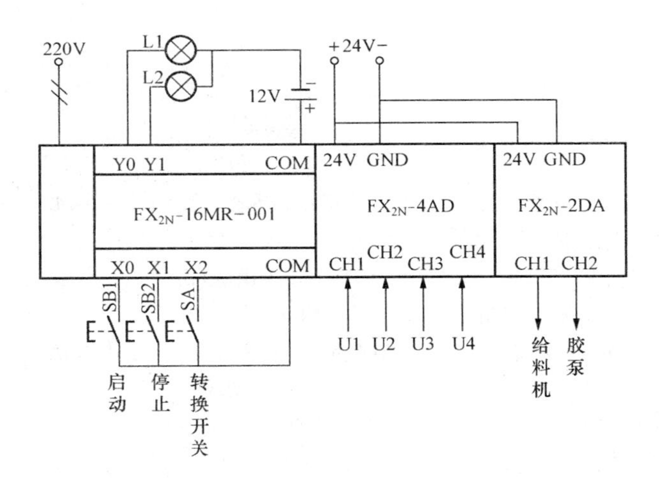

图 4-38 搅拌机控制系统的 I/O 接线图

静态调试，观察 PLC 的输出指示灯是否按要求指示。否则，检查并修改程序，直至指示正确。

（3）动态调试。按图 4-38 所示的 PLC 的 I/O 接线图正确连接好输出设备，进行系统的动态调试，观察搅拌机控制系统能否按控制要求动作。否则，检查电路或修改程序，直至系统能按控制要求动作。

七、实训报告

1. 实训总结

（1）描述搅拌机控制的动作情况，总结操作要领。

（2）画出搅拌机控制工作流程图。

2. 实训思考

（1）讨论采用其他控制方案对该系统的影响。

（2）用另外的方法编制设计其程序。

参 考 文 献

[1] 张运波，刘淑荣．工厂电气控制技术．2 版．北京：高等教育出版社，2004.
[2] 蔡红斌．电气与 PLC 控制技术．北京：清华大学出版社，2007.
[3] 高学民，汪蓉樱．机床电气控制．山东：山东科学技术出版社，2005.
[4] 罗文，周欢喜，易江义．电器控制与 PLC 技术．西安：西安电子科技大学出版社，2008.
[5] 张鹤鸣，刘耀元．可编程控制原理及应用教程[M]．北京：北京大学出版社，2007.
[6] 汤自春．PLC 原理及应用技术．北京：高等教育出版社，2006.
[7] 赵洪顺．电气控制技术实训．北京：机械工业出版社，2011.
[8] 付家才．电气控制工程实践技术[M]．北京：化学工业出版社，2009.
[9] 阎晓霞，苏小林．变配电所二次回路[M]．北京：中国电力出版社，2004.
[10] 沈胜标．二次回路．北京：高等教育出版社，2006.
[11] 熊信银．发电厂电气部分．北京：中国电力出版社，2004.
[12] 王辑祥．电气工程实践训练．北京：中国电力出版社，2007.
[13] 田淑珍．电机与电气控制技术．北京：机械工业出版社，2010.